工业和信息化精品系列教材

U0265216

ECharts
数据可视化

黑马程序员 ◉ 编著

人民邮电出版社

北 京

图书在版编目（CIP）数据

ECharts 数据可视化 / 黑马程序员编著. -- 北京 ：
人民邮电出版社，2024. --（工业和信息化精品系列教
材）. -- ISBN 978-7-115-64750-4

Ⅰ. TP31

中国国家版本馆 CIP 数据核字第 2024EP0603 号

内 容 提 要

本书是一本采用任务驱动式体例编写的基础教材，详细讲解 ECharts 数据可视化的相关知识和技术，以通俗易懂的语言和丰富实用的任务，帮助读者全面掌握 ECharts 的使用技巧。通过学习本书，读者能够根据实际需求完成图表的绘制。

全书共 8 章。第 1 章讲解 ECharts 的基本概念和 Visual Studio Code 编辑器的相关知识；第 2～5 章讲解常见图表的绘制，内容包括折线图、饼图、柱状图、散点图、雷达图、旭日图、关系图、仪表盘、漏斗图和折线树图；第 6～7 章讲解 ECharts 的高级使用，内容包括颜色主题、图表混搭、多图表联动、事件与行为、数据异步加载与动画；第 8 章讲解"电商数据可视化系统"项目实战。

本书配套丰富的教学资源，包括教学 PPT、教学大纲、教学设计、源代码、课后习题及答案等。此外，为了帮助读者更好地学习本书中的内容，编者团队还提供了在线答疑，希望帮助更多读者。

本书可作为高等教育本、专科院校计算机相关专业的教材，也可作为广大计算机编程爱好者的自学参考书。

◆ 编　著　黑马程序员
　　责任编辑　范博涛
　　责任印制　焦志炜

◆ 人民邮电出版社出版发行　　北京市丰台区成寿寺路 11 号
　　邮编　100164　电子邮件　315@ptpress.com.cn
　　网址　https://www.ptpress.com.cn
　　三河市君旺印务有限公司印刷

◆ 开本：787×1092　1/16
　　印张：16　　　　　　　　　　2024 年 12 月第 1 版
　　字数：379 千字　　　　　　　2024 年 12 月河北第 1 次印刷

定价：59.80 元

读者服务热线：(010)81055256　印装质量热线：(010)81055316
反盗版热线：(010)81055315
广告经营许可证：京东市监广登字 20170147 号

前 言　PREFACE

　　在编写本书的过程中，编者基于党的二十大精神"进教材、进课堂、进头脑"的要求，将知识教育与思想政治教育相结合，通过案例讲解帮助学生加深对知识的认识与理解，注重培养学生的创新精神、实践能力和社会责任感。任务设计从现实需求出发，激发学生的学习兴趣和主动思考的能力，充分发挥学生的主动性和积极性，增强学生的学习信心和学习欲望。在知识和任务中融入了素质教育的相关内容，引导学生树立正确的世界观、人生观和价值观，进一步提升学生的职业素养，落实德才兼备的高素质卓越工程师和高技能人才的培养要求。此外，编者依据书中的内容提供了线上学习资源，体现现代信息技术与教育教学的深度融合，进一步推动教育数字化发展。

◆　为什么要学习本书

　　学习 ECharts 数据可视化技术并不难，但是实际的工作应用往往十分复杂。读者要想熟练使用 ECharts，仅靠阅读官方文档是不够的，关键是找到合适的思路和解决方案。所以，只有积累大量的实践经验，才能高效地完成相关工作。

　　本书选取 ECharts 常用技术作为教学任务，希望通过讲解这些任务帮助读者快速入门。这些任务一方面可以帮助读者提高学习兴趣，另一方面可以帮助读者学到实用的技术。考虑到实际的工作应用需求，本书还加入了"电商数据可视化系统"的项目实战，帮助读者开阔视野，培养读者解决实际问题的能力。

◆　如何使用本书

　　全书共有 8 章，各章内容介绍如下。

　　• 第 1 章讲解 ECharts 入门知识，主要内容包括数据可视化的概念、ECharts 的概念和 Visual Studio Code 编辑器的介绍。学完本章内容后，读者可对 ECharts 数据可视化有一个初步的认识，并能够使用 Visual Studio Code 编辑器编写代码。

　　• 第 2 章讲解折线图和饼图的绘制。通过对本章的学习，读者能够掌握常见折线图和饼图的绘制方法，为后续学习打下坚实的基础。

　　• 第 3 章讲解柱状图和散点图的绘制。通过对本章的学习，读者能够掌握常见柱状图和散点图的绘制方法。

　　• 第 4 章讲解雷达图、旭日图和关系图的绘制。通过对本章的学习，读者能够掌握常见雷达图、旭日图和关系图的绘制方法。

　　• 第 5 章讲解仪表盘、漏斗图和折线树图的绘制。通过对本章的学习，读者能够掌握常见仪表盘、漏斗图和折线树图的绘制方法。

　　• 第 6 章和第 7 章讲解 ECharts 的高级使用。通过对这两章的学习，读者能够使用 ECharts 绘制复杂的数据可视化图表，同时能够提升图表的美观度和交互效果。

● 第 8 章讲解"电商数据可视化系统"项目实战，本章使用 ECharts 对电商中的各类数据进行图表绘制，对前面所学知识进行综合应用。

在学习过程中，读者一定要亲自动手实践本书中的任务。读者学习完一个知识点后，要及时进行测试练习，以巩固学习内容。如果在实践的过程中遇到问题，建议多思考，厘清思路，认真分析问题发生的原因，并在问题解决后总结经验。

◆ 致谢

本书的编写和整理工作由传智教育完成，全体编写人员在编写过程中付出了辛勤的汗水，此外还有很多试读人员参与了本书的试读工作并给出了宝贵的建议，在此向大家表示由衷的感谢。

◆ 意见反馈

尽管编者付出了最大的努力，但本书中难免有不足之处，欢迎读者提出宝贵意见。读者在阅读本书时，如果发现任何问题或不认同之处，可以通过电子邮箱（itcast_book@vip.sina.com）与编者联系。

传智教育　黑马程序员
2024 年 10 月于北京

目 录
CONTENTS

第 **1** 章

初识ECharts

学习目标

知识目标	• 了解数据可视化的概念，能够描述数据可视化的基本流程和应用场景 • 了解常见的数据可视化工具，能够说出数据可视化工具 ECharts、D3、Highcharts 和 AntV 的区别 • 了解 ECharts 的基本概念，能够说出什么是 ECharts • 熟悉 ECharts 5 的新特性，能够归纳 ECharts 5 的主要特性
技能目标	• 掌握 ECharts 的获取方式，能够独立完成 ECharts 的获取 • 掌握 Visual Studio Code 编辑器的下载和安装，能够独立安装 Visual Studio Code • 掌握中文语言扩展的安装，能够在 Visual Studio Code 编辑器中安装中文语言扩展 • 掌握 Visual Studio Code 编辑器的使用方法，能够在项目中创建 HTML5 文档结构

随着移动互联网的广泛应用，人们的日常生活中产生了大量的数据，这些数据中蕴藏着许多有价值的信息。如何将这些数据以直观、形象、交互式的方式展示到网页中，成了备受关注的焦点。我们可以借助数据可视化工具，实现这一目标。ECharts 是 Web 前端开发中常用的数据可视化工具之一，使用它可以很轻松地将数据绘制成图表。本章将对数据可视化、ECharts，以及 Visual Studio Code 编辑器进行详细讲解。

1.1 数据可视化

"一图胜千言"这句话准确地描述了图表的力量。与文字相比，图表更加直观，更容易被理解和记忆。作为一名 ECharts 的初学者，在正式学习 ECharts 前，需要先了解数据可视化的相关知识。本节将对数据可视化的概念、应用场景和常见的数据可视化工具进行讲解。

1.1.1 数据可视化概述

数据可视化是指将大型数据集中的数据以图形或图像的形式表示，并利用数据分析和开发工具发现其中未知信息的处理过程。

数据可视化提倡美学形式与功能需要"齐头并进"，它既不会因为要实现功能而令人感到枯燥、乏味，也不会因为要实现绚丽多彩的视觉效果而令图表过于复杂，而是直观地传达关键的特征，从而揭示蕴含在数据中的规律和道理。数据可视化的基本流程如图1-1所示。

图1-1　数据可视化的基本流程

由图1-1可知，数据可视化的基本流程即从数据集到数据展示的完整流程。首先从数据集中选择与目标需求关系紧密的目标数据；接着对目标数据进行一系列预处理，如过滤"脏"数据、敏感数据，并对空白数据进行适当处理，删除重复值，剔除与目标无关的冗余数据等，生成预处理数据；然后将预处理数据经过一系列变换后生成变换数据，使变换数据的结构符合数据可视化工具的要求；最后借助数据可视化工具将变换数据渲染到网页中进行展示。

数据可视化工具需要具备以下3个基本特性。

1. 实时性

数据可视化工具应具备适应大数据时代数据量指数式增长需求的特性，能够快速地收集、分析数据并对数据信息进行实时更新。

2. 易操作性

数据可视化工具应具备快速开发、易于操作的特性，能够顺应互联网时代信息多变的特点。

3. 展现形式多样性

数据可视化工具应支持丰富的展现形式，充分满足数据表现的多维需求，并支持多种数据集成方式。

1.1.2　数据可视化应用场景

当前，人类已进入大数据时代，数据与日常生活密切相关。由于数据量的不断增加和数据来源的多样性，人们对数据可视化的需求也日益增加。传统的文本数据已经无法满足人们要对数据信息进行深入理解和全面分析的需求。为了顺应大数据的发展趋势，越来越多的企业开始使用各种数据可视化技术。例如，将气温数据和流感人群数据通过图表的形式展示，反映出气温对流感人群的影响；将城市交通数据通过图表的形式展示，反映出受欢迎路线或日常拥堵路线等。

在互联网行业中，数据可视化技术被广泛应用于通用报表、移动端图表、大屏可视化、地理可视化等场景，下面分别进行介绍。

1. 通用报表

通用报表的类型多种多样，常见的类型包括表格、折线图、柱状图、饼图等。在使用通用报表时，应该充分考虑到需要呈现的数据以及目标用户群体，然后选择适当的报表类型和设计布局进行呈现。不同的报表类型有着不同的特点和使用场景，选择合适的报表类型能够更好地展示数据，并且提升用户的使用体验和理解效果。

例如，以柱状图的形式展示某水果店上周水果的销售情况，如图 1-2 所示。

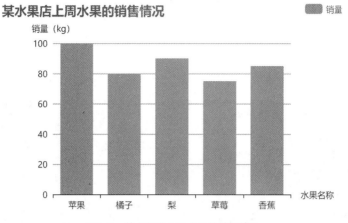

图1-2　某水果店上周水果的销售情况

从图 1-2 中可以直观地看出各种水果的销量高低，例如，苹果是销量最高的水果，草莓是销量最低的水果。

2. 移动端图表

随着移动通信网络的不断完善，以及智能手机的进一步普及，移动端图表也越来越受到关注。用户只需一部手机或平板计算机，就可以随时随地查看业务数据。

例如，通过移动端图表展示股票的走势情况，如图 1-3 所示。

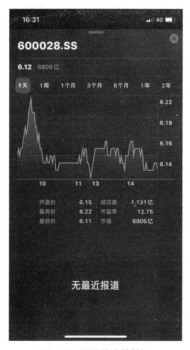

图1-3　股票的走势情况

从图 1-3 中可以看出股票价格在某一段时间内的走势，展示了该股票的最高价为 6.22，最低价为 6.11。

3. 大屏可视化

大屏可视化是指利用大屏幕展示可视化的数据。大屏可视化作为传递信息的有效手段，常被用于城市智能运行中心、应急指挥中心、电力调度中心、金融交易大厅等部门和机构。它具有日常监测、分析判断、应急指挥、展示汇报等多种功能，在提高科学管理能力方面发挥着重要作用。

例如，通过大屏可视化方式制作的中国电影票房数据看板，如图1-4所示。

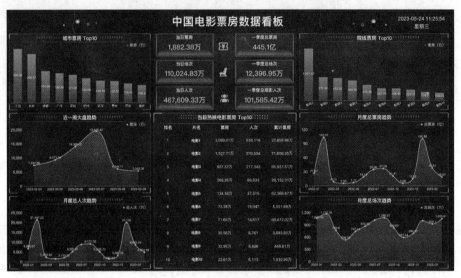

图1-4   中国电影票房数据看板

从图 1-4 中可以看出，城市票房、当前热映电影票房、院线票房等数据都展现了良好的大屏可视化效果。

4. 地理可视化

地理可视化常用于林业、考古、环境研究、城市规划等领域。通过地理可视化模拟现实情况，可进一步探索现实环境。

例如，某城市道路拥堵情况如图 1-5 所示。

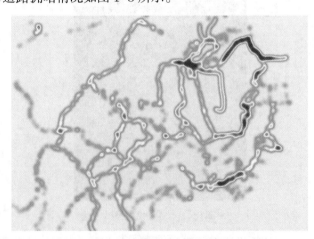

图1-5   某城市道路拥堵情况

图 1-5 对城市道路的交通情况进行了分析并展示，颜色越深的区域表示交通拥堵程度越高。

1.1.3　常见的数据可视化工具

"工欲善其事，必先利其器。"使用一款优秀的数据可视化工具可以在绘制图表时起到事半功倍、如虎添翼的作用。下面介绍 4 款常见的数据可视化工具。

1. ECharts

ECharts（Enterprise Charts，企业级图表）是由百度团队开源的一款数据可视化工具，于 2018 年初被其开发团队捐赠给 Apache 软件基金会。ECharts 用于构建交互式的数据可视化图表，其学习成本低、容易上手，深受开发者的欢迎。它支持各种图表类型，包括折线图、柱状图、散点图、饼图等，并提供了丰富的交互功能，例如工具箱、数据区域缩放、数据视图等。ECharts 还可以与 Vue.js、React 等前端开源框架无缝集成，方便开发人员快速搭建交互式的数据可视化应用。ECharts 与当前大多数浏览器保持良好的兼容性，如 Chrome 浏览器、Firefox 浏览器、Safari 浏览器等。

2. D3

D3（Data-Driven Documents，数据驱动文档）也称为 D3.js，它是一款基于 JavaScript 的可视化工具，可帮助用户创建高度定制化的数据可视化图表。D3 提供了丰富的 API（Application Program Interface，应用程序接口），可以用来创建各种类型的可视化图表，如散点图、线图、柱状图等。D3 支持 Chrome 浏览器、Firefox 浏览器和 Safari 浏览器等。

3. Highcharts

Highcharts 是一款基于 JavaScript 的开源图表库，它可以帮助用户创建交互式的数据可视化图表。Highcharts 提供了几十种不同类型的图表，包括线图、柱状图、饼图等，同时也提供了很多配置项，可以用来自定义图表外观和交互行为。

4. AntV

AntV 是蚂蚁集团推出的一款数据可视化工具，它基于 G2（the Grammar of Graphics，图形语法）可视化引擎和 Vue.js、React 等前端框架，提供了一系列高质量、易用性高的可视化组件和图表，能够帮助用户将复杂的数据转换为易于理解和分析的图表，同时还提供了丰富的定制化选项和优秀的用户体验。

1.2　ECharts

在讲解了数据可视化的相关内容后，本节将对 ECharts 基本概念、ECharts 5 的新特性以及 ECharts 获取方式进行简要介绍。

1.2.1　ECharts 基本概念

ECharts 的底层基于 ZRender（二维绘图引擎），支持 Canvas、SVG（Scalable Vector Graphics，可缩放矢量图形）、VML（Vector Markup Language，矢量标记语言）等多种渲染方法，提供了坐标轴、图例、提示框等基础组件，基于这些组件可以创建丰富的图表，包括常见的折线图、柱形图、散点图、饼图，用于地理数据可视化的统计地图、热力图，用于关系数据可视化的树状图、旭日图，用于多维数据可视化的平行坐标，用于 BI（Business Intelligence，商业智能）的漏斗图、仪表盘，以及用于任意混搭展现的组合图表等。

为了帮助大家更好地理解 ECharts，下面演示一张由 ECharts 生成的折线图，如图 1-6 所示。

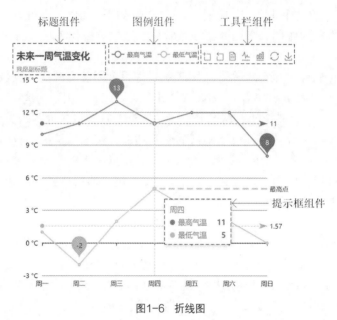

图1-6　折线图

图 1-6 所示的折线图包括 4 个公共组件，分别为标题组件、图例组件、工具栏组件和提示框组件，每个组件的具体介绍如下。

① 标题组件：用于显示主标题和副标题。主标题为"未来一周气温变化"，副标题为"我是副标题"。

② 图例组件：用于显示图例。单击图例项（最高气温、最低气温）可以控制对应带的折线的显示或隐藏。

③ 工具栏组件：用于提供操作图表的工具，可自定义。图 1-6 中工具栏组件的 7 个工具从左到右依次是区域缩放、区域缩放还原、数据视图、切换为折线图、切换为柱状图、还原、保存为图片。

④ 提示框组件：用于鼠标指针悬浮在图形上方时显示提示信息。例如，显示鼠标指针悬浮位置的最高气温和最低气温。

除了上述提到的 4 个组件，还有很多其他可供用户使用的交互组件，例如数据集、调色盘等，会在后文中讲解。

ECharts 具有丰富的特性，下面对 ECharts 的主要特性进行介绍。

① 多种图表类型：ECharts 支持折线图、柱状图、饼图、雷达图等多种图表类型，并且每种类型都有多种主题样式可供选择。

② 多种数据格式：ECharts 支持 JSON（JavaScript Object Notation，JavaScript 对象表示法）、数组等多种数据格式，便于用户快速导入数据。

③ 支持流数据：对于海量数据，如果一次性加载所有数据会非常消耗资源，ECharts 支持对流数据的动态渲染，加载多少数据就渲染多少数据，可省去漫长的数据加载等待时间；

除此之外，ECharts 还提供了增量渲染技术，只渲染变化的数据，以提高系统的资源利用率。

　　④ 跨平台：ECharts 支持 PC（Personal Computer，个人计算机）端、移动端等多种平台，它从 4.0 版本起，还支持对微信小程序的适配。除此之外，ECharts 提供了 Python 开发者使用的数据可视化工具 pyecharts、供 Julia 开发者使用的数据可视化工具 ECharts.jl 等。

　　⑤ 支持多种语言：ECharts 支持中文、英文、法文、德文等多种语言，可以让使用不同语言的用户和位于不同地区的用户都能够方便地使用。

　　⑥ 支持多种渲染方案：ECharts 支持以 Canvas、SVG、VML 等形式渲染图表。

　　⑦ 支持深度数据交互：ECharts 提供了多种开箱即用的交互组件，通过交互组件可以进行多维度数据筛选、视图缩放、展示细节等交互操作。

　　⑧ 动画效果：ECharts 支持动画效果，可以设置初始的动画效果、更新数据后的动画效果等，使图表更加生动和易于理解。

　　⑨ 无障碍访问：ECharts 支持自动根据图表配置项智能生成描述，使得视觉障碍人士可以在朗读设备的帮助下了解图表的内容。

　　⑩ 高度自定义：除了内置的样式，ECharts 还提供了很多可自定义的配置项，可以通过修改这些配置项来调整图表的样式。

1.2.2　ECharts 5 的新特性

　　ECharts 5 使用 TypeScript 对代码进行了重构，通过 TypeScript 的类型检查保证了代码类型的一致性，并围绕数据可视化作品的叙事、表达能力，在视觉设计、状态管理、性能和数据处理等方面做了一些细化，增强了图表传达数据背后含义的能力，帮助开发者更加轻松地创造满足各种场景需求的数据可视化作品。

　　ECharts 5 的新特性分为动态叙事、视觉设计、交互能力、开发体验和可访问性，下面对这 5 个方面分别进行介绍。

1. 动态叙事

　　ECharts 5 增强了动画功能，其中包括图表的动态叙事功能，这一功能帮助用户更容易理解图表背后想要表达的含义。例如，新增的动态排序柱状图和动态排序折线图，有助于开发者方便地创建带有时序性的图表，展现数据随时间维度的变化。

2. 视觉设计

　　ECharts 5 根据数据可视化理论优化了图表设计，重新设计默认的主题样式，针对不同的系列和组件分别做了优化调整，让用户更专注于重要的数据信息，能快速理解图表想要表达的内容。例如，提供了多种新的标签功能，让密集的标签能清晰显示、准确表意，确保色觉辨识障碍人士也能清楚地区分数据；提供了显示时间刻度标签的时间轴，开发者可以根据不同的需求定制时间轴的标签内容。

3. 交互能力

　　ECharts 5 通过多状态设计让用户参与交互，交互的丰富性和流畅性使得用户可更深刻地理解数据之间的关联关系。例如，新增鼠标指针移入目标元素时淡出其他非相关元素的效果，从而达到聚焦目标数据的目的；支持"脏"矩形渲染，解决只有局部变化的场景下的性能瓶颈；引入"智能指针吸附"功能，移动端的图表中默认开启鼠标指针吸附，非移动端的图表中默认关闭鼠标指针吸附，以便对图表中的可交互元素进行精准操作。

4．开发体验

ECharts 5 加强了数据集的数据转换能力，让开发者可以使用简单的方式实现常用的数据处理操作，例如数据过滤、排序、聚合、直方图、回归线计算等。

5．可访问性

ECharts 5 新增了许多用于提高可访问性的设计，可帮助视觉障碍人士更好地理解图表内容。例如，在主题配色方面，ECharts 5 默认主题将无障碍设计作为一个重要的考量依据，并提供了特殊的高对比度主题，以更高对比度颜色的主题对数据做进一步区分；新增了贴花的功能，用图案辅助颜色表达，进一步帮助用户区分数据。

1.2.3　ECharts 获取方式

在使用 ECharts 开发项目前，开发者需要先获取 ECharts。获取方式主要有 4 种，分别是从 GitHub 获取、从 npm 获取、从 CDN（Content Delivery Network，内容分发网络）获取以及通过在线定制的方式获取。需要注意的是，ECharts 版本会不断升级，在编者编写本书时，ECharts 的最新版本是 5.4.1。接下来详细讲解 ECharts 5.4.1 的 4 种获取方式。

1．从 GitHub 获取

GitHub 是一个面向开源及私有软件项目的托管平台，从 GitHub 中可以获取 ECharts 的源代码。打开浏览器，登录 GitHub 网站，找到 apache/echarts 项目下的 Releases 页面，该页面提供了各个版本的下载链接，找到 ECharts 5.4.1 版本，如图 1-7 所示。

图1-7　Releases页面

在图 1-7 中，单击 "Assets" 下方的 "Source code (zip)" 链接，即可下载 echarts-5.4.1.zip 文件。下载完成后，将该文件解压。解压后的 dist 目录中包含多种类型的 ECharts 文件，如图 1-8 所示。

在图 1-8 中，echarts.js 和 echarts.min.js 这两个文件比较常用。其中，echarts.js 是未经过代码压缩的文件，它能够更好地显示错误提示和警告信息；echarts.min.js 是经过代码压缩的文件，文件体积比较小，加载速度更快。

对于开发者来说，如果需要修改 ECharts 源代码或者需要更详细的错误提示信息，应使用 echarts.js 文件；如果需要在生产环境中使用 ECharts，则应使用 echarts.min.js 文件。

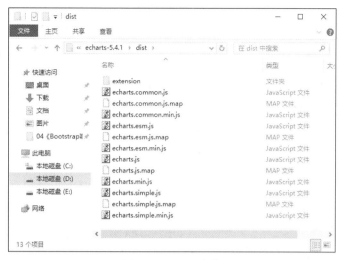

图1-8　ECharts文件

2. 从 npm 获取

如果想要在 Node.js 项目中使用 ECharts，则需要从 npm 获取 ECharts。npm 是 Node.js 默认的包管理工具，它可以安装、共享、分发代码，并管理项目的依赖关系。在安装 Node.js 时会自动安装相应版本的 npm，不需要单独安装。如果计算机中没有安装 Node.js，需要先对其进行安装。本书使用的 Node.js 版本为 16.17.0，npm 的版本为 8.15.0。

从 npm 获取 ECharts 的命令如下。

```
npm install echarts@5.4.1 --save
```

在上述命令中，@5.4.1 表示获取的 ECharts 版本为 5.4.1；--save 表示将 ECharts 安装为项目的运行时依赖，在项目运行时需要使用 ECharts。

ECharts 获取完成后，需要在项目中引入 ECharts 才可以使用。ECharts 提供了完整引入和按需引入两种引入方式，完整引入的示例代码如下。

```
import * as echarts from 'echarts';
```

上述示例代码表示将 ECharts 完整引入，引入后，即可使用 ECharts 的所有组件。

若只想要引入部分组件，则可以按需引入 ECharts，按需引入的示例代码如下。

```
// 引入 ECharts 核心模块
import * as echarts from 'echarts/core';
// 引入柱状图图表（图表后缀都为 Chart）
import { BarChart } from 'echarts/charts';
// 引入组件（组件后缀都为 Component）
import {
  TitleComponent,        // 标题组件
  TooltipComponent,      // 提示框组件
  GridComponent,         // 直角坐标系组件
  DatasetComponent,      // 数据集组件
  TransformComponent     // 数据转换器组件
} from 'echarts/components';
// 引入标签自动布局、全局过渡动画等特性
import { LabelLayout, UniversalTransition } from 'echarts/features';
// 引入 Canvas 渲染器（注意必须引入 CanvasRenderer 或 SVGRenderer 渲染器）
import { CanvasRenderer } from 'echarts/renderers';
```

```
// 注册组件
echarts.use([
  TitleComponent,
  TooltipComponent,
  GridComponent,
  DatasetComponent,
  TransformComponent,
  BarChart,
  LabelLayout,
  UniversalTransition,
  CanvasRenderer
]);
```

在上述示例代码中，引入了 ECharts 的核心模块、柱状图图表、组件、Canvas 渲染器等。

3. 从 CDN 获取

从 CDN 获取 ECharts 的好处是可以跳过手动下载 ECharts 的过程，将 ECharts 文件直接引入项目中。

在网页中引入免费 CDN 服务器 cdnjs、jsDelivr 和 Staticfile 提供的 ECharts，示例代码如下。

```
<!-- cdnjs 服务器提供的 ECharts -->
<script src="https://cdnjs.cloudflare.com/ajax/libs/echarts/5.4.1/echarts.min.js"></script>
<!-- jsDelivr 服务器提供的 ECharts -->
<script src="https://cdn.jsdelivr.net/npm/echarts@5.4.1/dist/echarts.min.js"></script>
<!-- Staticfile 服务器提供的 ECharts -->
<script src="https://cdn.staticfile.org/echarts/5.4.1/echarts.min.js"></script>
```

对于上述示例代码，在使用时任选其一即可。

4. 通过在线定制的方式获取

若只想引入 ECharts 的部分模块，以减小 ECharts 文件的体积，可以使用 ECharts 在线定制功能。打开浏览器，登录 ECharts 的官方网站，找到"下载"→"下载"链接，如图 1-9 所示。

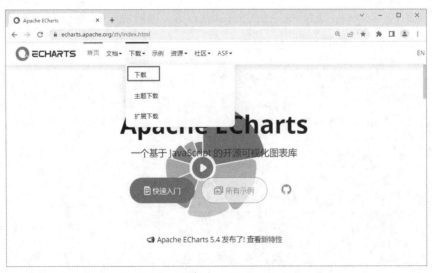

图1-9   ECharts官方网站

单击图 1-9 中标注的"下载"链接进入下载页面，如图 1-10 所示。

图1-10　下载页面

向下滚动页面，找到"在线定制"按钮，如图 1-11 所示。

图1-11　在线定制

用户可以根据自己的需要对 ECharts 的版本、图表、坐标系、组件和其他选项等进行定制。下面介绍如何在线定制 ECharts，具体步骤如下。

① 在图 1-11 中，单击"在线定制"按钮后，选择 ECharts 版本，如图 1-12 所示。

图1-12　选择ECharts版本

从图 1-12 中可以看出，当前选择的版本为 5.4.1。

② 选择要打包的图表。想要打包哪类图表，直接选中即可。例如，选中"柱状图""折线图""饼图""自定义系列"，如图 1-13 所示。

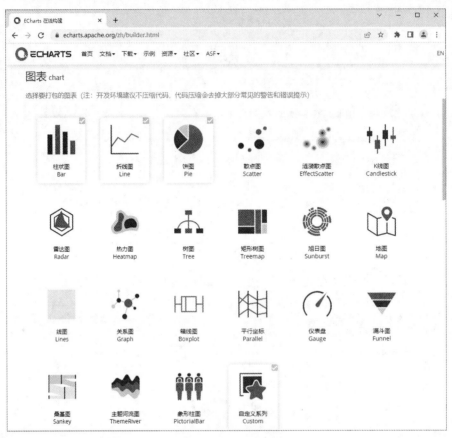

图1-13　选择要打包的图表

③ 选择要打包的坐标系。例如，选中"直角坐标系"，如图 1-14 所示。

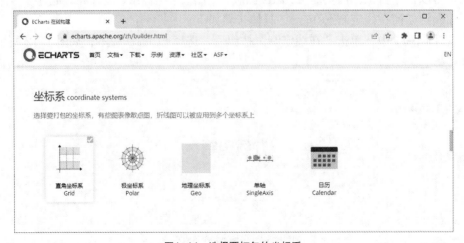

图1-14　选择要打包的坐标系

④ 选择要打包的组件。例如，选中"标题""图例""提示框"组件，如图 1-15 所示。

图1-15　选择要打包的组件

⑤ 选择其他选项。例如，选中"工具集""代码压缩"选项，如图 1-16 所示。

图1-16　选择其他选项

⑥ 单击"下载"按钮，会跳转到一个新页面，等待几秒后，浏览器会下载一个 echarts. min.js 文件，如图 1-17 所示。

若要下载未压缩的文件，则在图 1-16 所示的其他选项中取消选中"代码压缩"，然后单击"下载"按钮，就会在本地下载一个未压缩的 echarts.js 文件，如图 1-18 所示。

至此，关于获取 ECharts 的 4 种方式已经讲解完毕。

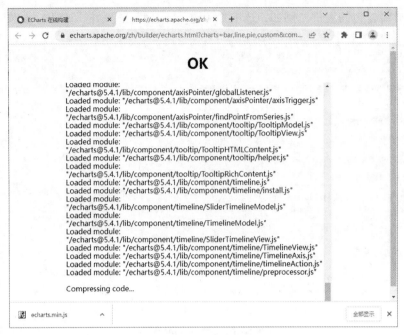

图1-17　echarts.min.js文件

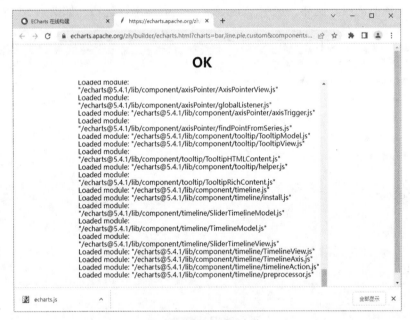

图1-18　echarts.js文件

1.3　Visual Studio Code 编辑器

在使用 ECharts 开发项目之前，需要选择一款合适的编辑器进行代码编写和项目文件管理。本书选择使用 Visual Studio Code 编辑器。接下来对 Visual Studio Code 编辑器进行讲解。

1.3.1　下载和安装 Visual Studio Code 编辑器

Visual Studio Code（VS Code）是由微软公司推出的一款免费、开源的代码编辑器，一经推出便受到开发者的欢迎。对于 Web 前端开发人员来说，使用强大的编辑器可以使开发变得简单、便捷、高效。

VS Code 编辑器具有如下特点。

● 轻巧、高速，占用的系统资源较少。

● 具备智能代码补全、语法高亮显示、自定义快捷键和代码匹配等功能。

● 跨平台，可用于 macOS、Windows 和 Linux 操作系统。

● 主题界面的设计比较人性化。例如，可以快速查找文件并直接进行开发，可以分屏显示代码，可以自定义主题颜色，也可以快速查看打开的项目文件及其结构。

● 提供丰富的扩展，用户可根据需要自行下载和安装扩展。

● 支持多种语言和文件格式的编写，如 HTML（HyperText Markup Language，超文本标记语言）、JSON、TypeScript、JavaScript、CSS（Cascading Style Sheets，串联样式表）等。

接下来讲解如何下载和安装 VS Code 编辑器。

打开浏览器，登录 VS Code 编辑器的官方网站，如图 1-19 所示。

在图 1-19 所示的页面中，单击"Download for Windows"按钮，该页面会自动识别当前的操作系统并下载相应的安装包。如果需要下载其他系统版本的安装包，可以单击该按钮右侧的小箭头"⌄"打开下拉列表，就会看到其他系统版本安装包的下载按钮，如图 1-20 所示。

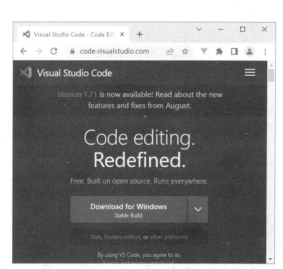

图1-19　VS Code编辑器的官方网站

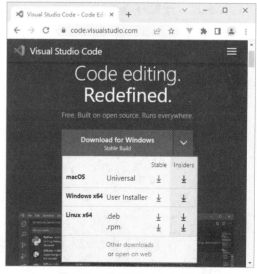

图1-20　其他系统版本安装包的下载按钮

下载 VS Code 编辑器的安装包后，在下载目录中找到该安装包，如图 1-21 所示。

VSCodeUserSet
up-x64-1.71.2.e
xe

图1-21　VS Code编辑器的安装包

　　双击图 1-21 所示的图标，启动安装程序，然后按照程序的提示一步一步进行操作，直到安装完成。

　　VS Code 编辑器安装成功后，启动该编辑器，即可进入 VS Code 编辑器的初始界面，如图 1-22 所示。

图1-22　VS Code编辑器的初始界面

1.3.2　安装中文语言扩展

　　VS Code 编辑器安装完成后，该编辑器的默认语言是英文。如果想要切换为中文，先单击图 1-22 所示初始界面左侧边栏中的"▦"图标进入扩展界面，然后在搜索框中输入关键词"chinese"搜索中文语言扩展，单击"Install"按钮进行安装，如图 1-23 所示。

图1-23　安装中文语言扩展

安装成功后，需要重新启动 VS Code 编辑器，中文语言扩展才可以生效。重新启动 VS Code 编辑器后，VS Code 编辑器的中文界面如图 1-24 所示。

图1-24　VS Code编辑器的中文界面

1.3.3　使用 Visual Studio Code 编辑器

在实际开发中，开发一个项目需要先创建项目文件夹，以保存项目中的文件。接下来演示如何创建项目文件夹、如何使用 VS Code 编辑器打开项目，以及如何在项目中创建 HTML5 文档结构，具体步骤如下。

① 在 D:\ECharts 目录下创建一个项目文件夹 chapter01。

② 在 VS Code 编辑器的菜单栏中选择"文件"→"打开文件夹…"命令，然后选择 chapter01 文件夹。打开文件夹后的界面如图 1-25 所示。

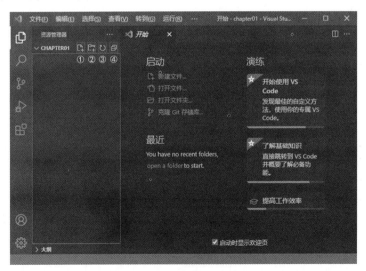

图1-25　打开文件夹后的界面

在图 1-25 所示界面中，资源管理器用于显示项目的目录结构，当前打开的 chapter01 文件夹的名称会被显示为 CHAPTER01。该名称的右侧有 4 个快捷操作按钮，图中标注的按钮①用于新建文件，按钮②用于新建文件夹，按钮③用于刷新资源管理器，按钮④用于折叠文件夹。

③ 单击按钮①，输入要创建的文件的名称 "index.html"，即可创建该文件。此时创建的 index.html 文件是空白的，在其中输入 "html:5"，VS Code 编辑器会给出智能提示，然后按 Enter 键会自动生成 HTML5 文档结构，示例代码如下。

```
<!DOCTYPE html>
<html lang="en">
<head>
  <meta charset="UTF-8">
  <meta http-equiv="X-UA-Compatible" content="IE=edge">
  <meta name="viewport" content="width=device-width, initial-scale=1.0">
  <title>Document</title>
</head>
<body>

</body>
</html>
```

从上述代码可以看出，基础的 HTML5 文档结构已经创建完成。

本章小结

本章先介绍了数据可视化，包括数据可视化的概念、应用场景和常见的可视化工具；然后对 ECharts 进行了简要介绍，包括 ECharts 基本概念、ECharts 5 的新特性和 ECharts 获取方式；最后讲解了 Visual Studio Code 编辑器，包括下载和安装 Visual Studio Code 编辑器、安装中文语言扩展和如何使用 Visual Studio Code 编辑器。通过对本章的学习，读者能对 ECharts 有一个整体的认识，能够使用 Visual Studio Code 编辑器编写代码。

课后习题

一、填空题

1. 数据可视化工具的基本特性有_____、易操作性和展现形式多样性。
2. Visual Studio Code 编辑器的默认语言是_____。
3. ECharts 的标题组件包括_____和副标题组件。
4. ECharts 5 的新特性主要有动态叙事、_____、交互能力、开发体验和_____5 个方面。

二、判断题

1. ECharts 是开源免费的，使用 ECharts 不需要缴纳任何费用。（   ）
2. ECharts 提供了多种图表类型，但是不支持跨平台使用。（   ）
3. ECharts 支持流数据的动态渲染。（   ）
4. ECharts 提供了 Python 开发者使用的数据可视化工具 pyecharts。（   ）
5. ECharts 5 新增鼠标指针移入目标元素时淡出其他非相关元素的效果，从而达到聚焦目标数据的目的。（   ）

三、选择题

1. 下列选项中，ECharts 属于的技术类型为（　　　）。

A. 数据可视化库　　　　　　　　　　B. 人工智能算法

C. 操作系统　　　　　　　　　　　　D. 前端框架

2. 下列选项中，不属于数据可视化工具的是（　　　）。

A. ECharts　　　　B. D3　　　　C. Vue.js　　　　D. AntV

3. 下列选择中，ECharts 基于的技术是（　　　）。

A. Java　　　　B. JavaScript　　　　C. jQuery　　　　D. Ajax

4. 下列选项中，属于 ECharts 特性的有（　　　）。（多选）

A. 支持多种数据格式　　　　　　　　B. 支持跨平台

C. 支持多种图表类型　　　　　　　　D. 支持多语言

5. 下列选项中，属于 ECharts 获取方式的是（　　　）。（多选）

A. 从 GitHub 获取　　　　　　　　　B. 从 npm 获取

C. 从 CDN 获取　　　　　　　　　　D. 通过在线定制的方式获取

四、简答题

请简述常见的数据可视化工具 ECharts、D3、Highcharts 和 AntV 的特点。

第 **2** 章

折线图和饼图

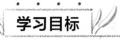
知识目标	• 熟悉引入并配置 ECharts 的方法，能够归纳引入并配置 ECharts 的步骤 • 掌握坐标轴组件的使用方法，能够设置图表的 x 轴、y 轴 • 掌握系列组件、标题组件、图例组件的使用方法，能够设置图表的系列、标题、图例 • 掌握数据堆叠的使用方法，能够设置数据堆叠 • 掌握折线图文本标签的使用方法，能够设置文本标签的显示状态、位置等 • 掌握区域填充样式的设置方法，能够设置区域填充样式 • 掌握网格组件、提示框组件、工具栏组件的使用方法，能够设置图表的网格、提示框、工具栏 • 掌握数据集组件的使用方法，能够使用数据集定义数据 • 掌握平滑曲线图的设置方法，能够将图表设置为平滑曲线图 • 掌握饼图半径的使用方法，能够设置饼图的半径 • 掌握饼图文本标签的使用方法，能够设置文本标签的显示状态、位置等 • 掌握南丁格尔图的设置方法，能够将图表设置为南丁格尔图
技能目标	• 掌握折线图的绘制，能够完成基础折线图、堆叠折线图、区域面积图、堆叠面积折线图、阶梯折线图和平滑曲线图等的绘制 • 掌握饼图的绘制，能够完成基础饼图和南丁格尔图的绘制

在日常生活中，我们经常使用图表来整理和分析数据，以便得出更好的结论。在众多图表类型中，折线图和饼图相对比较简单，更适合 ECharts 初学者学习。因此，本书将以折线图和饼图作为切入点，帮助读者打好基础，为后续学习其他图表提供支撑。本章将针对如何使用 ECharts 绘制折线图和饼图进行详细讲解。

2.1 常见的折线图

折线图常被用于展示数据随时间的变化趋势，它主要通过折线的上升或下降趋势来反映数据的变化。常见的折线图包含基础折线图、堆叠折线图、区域面积图、堆叠面积折线图、阶梯折线图和平滑曲线图等。本节将对常见折线图的绘制方法进行详细讲解。

任务 2.1.1　绘制基础折线图

任 务 需 求

最近，某互联网公司出现了利润下降的情况。为了找出原因，该公司的领导决定使用用户浏览量这一指标进行调查，并据此制定相关决策。会议结束后，运营总监整理了最近一周内的用户浏览量报表。他希望绘制一张基础折线图来展示最近一周内用户浏览量的变化情况。

最近一周内用户浏览量如表 2-1 所示。

表 2-1　最近一周内用户浏览量（单位：次）

星期	浏览量	星期	浏览量
周一	20000	周五	28000
周二	22000	周六	24700
周三	25000	周日	20000
周四	20000	—	—

本任务需要基于最近一周内用户浏览量绘制基础折线图。

知 识 储 备

1. 引入并配置 ECharts

在使用 ECharts 绘制图表之前，需要引入并配置 ECharts。在 HTML 中引入 ECharts，示例代码如下。

```
<script src="./echarts.js"></script>
```

上述示例代码通过<script>标签的 src 属性引入了 echarts.js 文件后，会获得一个名称为 echarts 的对象，该对象提供了 init()方法，用于创建 ECharts 实例对象。

init()方法的语法格式如下。

```
echarts.init(dom);
```

在上述语法格式中，init()方法的参数 dom 用于指定渲染的图表将被放置在哪个 DOM（Document Object Model，文档对象模型）容器中。init()方法的返回值是 ECharts 实例对象。

需要注意的是，当 DOM 容器没有宽高或者隐藏时，ECharts 实例对象会因获取不到 DOM 容器的宽高，进而导致创建图表失败。因此，在创建 ECharts 实例对象之前，需要确保 DOM 容器具有宽高，且不隐藏。

在调用 init()方法之后，可以通过 ECharts 实例对象的 setOption()方法设置图表的配置项。setOption()方法的语法格式如下。

```
setOption(option[, notMerge]);
```

在上述语法格式中，setOption()方法的第 1 个参数 option 是一个包含要设置的图表配置项的对象，第 2 个参数 notMerge 是一个可选参数，表示是否不与已有的配置项合并，默认值为 false，表示允许新的配置项和已有配置项合并；如果设为 true，则表示不允许新的配置项和已有配置项合并，已有配置项都会被删除，然后根据新的配置项重新渲染图表。

在调用 setOption() 方法时，通过设置不同的配置项，可以实现不同类型的图表的绘制。图表的配置项由多个组件的配置项组成，包括坐标轴组件、系列组件、图例组件、网格组件、标题组件、提示框组件、工具栏组件等。所有配置项的修改都可以通过 setOption() 方法完成。

当多次调用 setOption() 方法时，ECharts 实例对象会自动合并新的配置项和已有的配置项，然后根据合并后的配置项重新渲染图表。因此，当修改图表的配置项时，不需要手动处理图表的刷新和更新，只需要确保传递给 setOption() 方法的新配置项是正确的即可。

接下来演示如何在项目中引入并配置 ECharts，具体步骤如下。

① 创建 D:\ECharts\chapter02 目录，并使用 VS Code 编辑器打开该目录。

② 放入 echarts.js 文件。

③ 创建 line_demo01.html 文件，在该文件中创建基础 HTML5 文档结构并引入 echarts.js 文件，示例代码如下。

```
1  <!DOCTYPE html>
2  <html lang="en">
3  <head>
4    <meta charset="UTF-8">
5    <meta http-equiv="X-UA-Compatible" content="IE=edge">
6    <meta name="viewport" content="width=device-width, initial-scale=1.0">
7    <title>Document</title>
8    <script src="./echarts.js"></script>
9  </head>
10 <body>
11
12 </body>
13 </html>
```

在上述代码中，第 8 行代码通过 <script> 标签的 src 属性引入 echarts.js 文件。

④ 在步骤③中第 11 行代码的位置定义一个用于被 ECharts 实例对象控制的 div 元素，使生成的图表可以填充到该元素中，具体代码如下。

```
<div id="main" style="width: 600px; height: 500px;"></div>
```

在上述代码中，设置 div 元素的 id 属性的值为 main，宽度为 600px，高度为 500px。

⑤ 在步骤④的代码下方编写代码，通过 init() 方法创建 ECharts 实例对象，具体代码如下。

```
1  <script>
2    var myChart = echarts.init(document.getElementById('main'));
3  </script>
```

在上述代码中，第 2 行代码调用 init() 方法指定 id 属性的值为 main 的元素作为 ECharts 实例对象的容器。

⑥ 在步骤⑤的第 2 行代码下方编写代码，准备配置项，具体代码如下。

```
1  var option = {
2    // 配置项
3  };
```

在上述代码中，option 是一个包含图表各种配置项的 JavaScript 对象。

⑦ 在步骤⑥的第 3 行代码下方编写代码，将配置项设置给 ECharts 实例对象，具体代码如下。

```
option && myChart.setOption(option);
```

在上述代码中，先判断 option 是否存在，如果存在，则调用 myChart.setOption() 方法，将 option 对象作为该方法的参数传入；如果不存在，则不调用 myChart.setOption()方法。

2. 坐标轴组件

在 ECharts 中，通过坐标轴组件可以创建直角坐标系，形成二维空间。坐标轴组件主要有两个组成部分：xAxis、yAxis。其中，xAxis 表示直角坐标系的 x 轴，yAxis 表示直角坐标系的 y 轴。默认情况下，x 轴位于图表的底部，y 轴位于图表的左侧。使用 xAxis 和 yAxis 可以创建一个完整的直角坐标系，并且可以设置各种样式以满足不同的需求。

坐标轴组件的效果如图 2-1 所示。

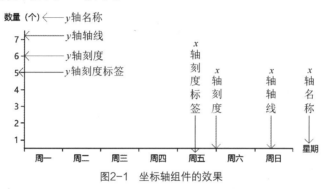

图2-1　坐标轴组件的效果

通过 option 对象的 xAxis 属性和 yAxis 属性可以对直角坐标系的 x 轴和 y 轴进行配置。

当直角坐标系只有 1 条 x 轴和 1 条 y 轴时，xAxis、yAxis 属性的值为 xAxis、yAxis 对象。xAxis、yAxis 对象的设置方式如下。

```
var option = {
  xAxis: {},
  yAxis: {}
};
```

当直角坐标系有多条 x 轴或 y 轴时，xAxis、yAxis 属性的值为 xAxis、yAxis 数组，数组中的每个元素均为对象。xAxis、yAxis 数组的设置方式如下。

```
var option = {
  xAxis: [],
  yAxis: []
};
```

xAxis、yAxis 对象的常用属性如表 2-2 所示。

表 2-2　xAxis、yAxis 对象的常用属性

属性	说明
show	用于设置是否显示坐标轴，默认值为 true，表示显示 x 轴或 y 轴，设为 false 表示不显示 x 轴或 y 轴
position	用于设置坐标轴的位置，当设置 x 轴的位置时，可选值有 bottom（默认值）、top，分别表示 x 轴在图表下方、x 轴在图表上方；当设置 y 轴的位置时，可选值有 left（默认值）、right，分别表示 y 轴在图表左侧、y 轴在图表右侧
type	用于设置坐标轴的类型，常见的可选值为 category（默认值）、value，分别表示类目轴、数值轴。类目轴用于展示类目名称，数值轴用于展示具体的数值
data	用于设置坐标轴数据
name	用于设置坐标轴名称
nameGap	用于设置坐标轴名称与轴线的距离，默认值为 15

续表

属性	说明
boundaryGap	用于设置坐标轴两边留白的策略
nameLocation	用于设置坐标轴名称的显示位置，可选值有 start、middle（或 center）、end（默认值），分别表示坐标轴名称显示在坐标轴的开始位置、中间位置、结束位置
nameTextStyle	用于设置坐标轴名称的文本样式

需要说明的是，在 ECharts 中，设置字体大小、坐标轴名称与轴线的距离、内外边距等样式的属性值都使用像素值表示。例如，nameGap 属性的默认值为 15 像素。

在表 2-2 中，由于 data、boundaryGap 和 nameTextStyle 这些属性比较复杂，下面对这些属性进行详细讲解。

（1）data 属性

data 属性用于设置坐标轴数据，在不同类型的坐标轴中，data 属性的设置方式不同。在类目轴中，data 属性用于设置类目名称列表；在数值轴中，则不设置 data 属性。下面主要针对类目轴中的 data 属性进行讲解。

data 属性的值为 data 数组，数组中的每个元素表示一个数据项，数据项可以是 data 对象或者字符串，下面分别讲解。

① 当 data 数组中的数据项为 data 对象时，data 对象的属性如表 2-3 所示。

表 2-3   data 对象的属性

属性	说明
value	用于设置类目名称
textStyle	用于设置类目名称的文字样式

在表 2-3 中，类目名称将作为类目轴的刻度标签显示。例如，在一张统计产品销量的折线图中，x轴为类目轴，如果用 x轴表示不同产品分类的名称，则类目名称列表就是这些产品分类名称组成的列表。

表 2-3 中的 textStyle 属性的值为 textStyle 对象，该对象的常用属性如下。

- color：用于设置文字的颜色。
- fontSize：用于设置文字的字体大小。
- backgroundColor：用于设置文字块背景色。

data 数组中的数据项为对象的示例代码如下。

```
1 data: [
2   {
3     value: '周一',
4     textStyle: {
5       fontSize: 20
6     }
7   }
8 ]
```

在上述示例代码中，第 3~6 行代码设置数据项的值为周一，字体大小为 20。

② 当 data 数组中的数据项为字符串时，每个字符串表示一个类目名称，示例代码如下。

```
data: ['周一', '周二', '周三', '周四', '周五']
```

上述示例代码存储了周一到周五的数据。

（2）boundaryGap 属性

类目轴和数值轴的 boundaryGap 属性值的类型不同，下面分别进行讲解。

① 在类目轴中，boundaryGap 属性的值为布尔类型，默认值为 true，这时刻度只作为分隔线，类目名称会显示在两个刻度之间。当 boundaryGap 属性的值为 false 时，类目名称显示在对应刻度的下方。

② 在数值轴中，boundaryGap 属性值为数组，数组中包含两个元素，这两个元素分别表示数据的最大值和最小值，可以直接将其设置为数值或者百分比字符串。

例如，在数值轴中设置 boundaryGap 属性，示例代码如下。

```
boundaryGap: ['20%', '20%']
```

上述示例代码设置数据最小值为 20%，最大值为 20%。

（3）nameTextStyle 属性

nameTextStyle 属性用于设置坐标轴名称的文本样式，该属性的值为 nameTextStyle 对象，该对象的设置方式如下。

```
var option = {
  xAxis: {
    nameTextStyle: {}
  }
};
```

与设置 x 轴名称的文本样式类似，设置 y 轴名称的文本样式时，只需将 nameTextStyle 属性定义在 yAxis 对象中即可。

nameTextStyle 对象的常用属性如表 2-4 所示。

表 2-4 nameTextStyle 对象的常用属性

属性	说明
color	用于设置坐标轴名称的颜色
fontStyle	用于设置坐标轴名称的字体风格，可选值有 normal（默认值）、italic、oblique，分别表示正常字体、斜体、倾斜
fontSize	用于设置坐标轴名称的字体大小，默认值为 12
padding	用于设置文字块的内边距，默认值为 0
lineHeight	用于设置行高，默认值为 12

表 2-4 中，fontStyle 属性的可选值 italic、oblique 都可以实现文字字体的倾斜，二者的区别：italic 表示应用字体的斜体样式，而 oblique 表示使文字向右倾斜。对于没有斜体样式的字体来说，italic 是没有效果的，此时就可以利用 oblique 代替 italic 实现文字倾斜效果。

设置 x 轴名称文本样式的示例代码如下。

```
 1 xAxis: [
 2   {
 3     nameTextStyle: {
 4       color: 'rgba(180, 180, 180, 0.2)',
 5       fontStyle: 'italic',
 6       fontSize: 20,
 7       lineHeight: 15,
 8       padding: [0, 90, 0, 0]
 9     }
10   }
11 ]
```

在上述示例代码中，第 4~8 行代码用于设置 x 轴名称的颜色为 rgba(180, 180, 180, 0.2)，字体倾斜，字体大小为 20，行高为 15，文字块的内边距为[0, 90, 0, 0]，该数组中的 4 个元素分别代表上、右、下、左这 4 个方向的内边距。

3. 系列组件

在 ECharts 中，系列组件用于存储图表系列的数据并将数据展示到图表中。基础折线图中系列组件的效果如图 2-2 所示。

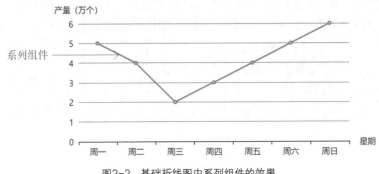

图2-2　基础折线图中系列组件的效果

在 ECharts 中，通过 option 对象的 series 属性可以配置系列组件。series 属性中可以包含多个系列，它们能够组成一种图表类型，如折线图、柱状图、散点图等。每个系列可以设置不同的数据、样式等属性，用于呈现视觉效果不同的图表。例如，一张折线图可能需要展示多条折线，每条折线都是一个系列，可以设置不同的属性。

series 属性的值为数组，数组中每个元素都为对象，series 数组的设置方式如下。

```
var option = {
  series: [
    {}
  ]
};
```

在上述代码中，series 数组中的每个元素均为一个系列，这些系列是对象类型的数据。如果想要实现多个系列的折线图效果，只需要在 series 数组中添加对应的元素个数。

系列的常用属性如表 2-5 所示。

表 2-5　系列的常用属性

属性	说明
type	用于设置系列类型，常用的可选值有 line、bar、pie，分别表示折线图、柱状图、饼图
name	用于设置系列名称，以及提示框组件的显示、图例的筛选
data	用于设置系列中的数据内容

data 属性的值可以是二维数组或一维数组，下面分别进行讲解。

（1）data 属性的值是二维数组

通常情况下，用一个二维数组表示 data 属性的值，二维数组中每一行数据表示一个数据项，每一列数据被称为一个维度。在图表中，第 1 列通常被称为维度 X，默认对应 xAxis，表示 x 轴上的数据；第 2 列通常被称为维度 Y，默认对应 yAxis，表示 y 轴上的数据。

data 属性的示例代码如下。

```
series: [
  {
    data: [
      // [维度 X, 维度 Y]
      ['周一', 5],
      ['周二', 4],
      ['周三', 2],
      ['周四', 3],
      ['周五', 4],
      ['周六', 5],
      ['周日', 6]
    ]
  }
]
```

（2）data 属性的值是一维数组

当只有一条轴为类目轴时，data 属性的值可以被简化为包含数字的一维数组，示例代码如下。

```
xAxis: {
  data: ['a', 'b', 'c', 'd']
},
series: [
  {
    // 与 xAxis.data 一一对应
    data: [23, 44, 55, 19]
  }
]
```

当需要为个别数据项设置名称时，data 属性的值是包含对象的一维数组。data 属性中的数组元素为对象时，data 对象的常用属性如下。

- name：用于设置数据项的名称。
- value：用于设置数据项的值。

data 属性的值是包含对象的一维数组时的示例代码如下。

```
series: [
  {
    data: [
      12,
      {
        name: '苹果',
        value: 22
      }
    ]
  }
]
```

在上述示例代码中，第 1 个数据项的值为 12；第 2 个数据项的名称为苹果，值为 22。

以上讲解了 data 属性的使用。另外，在使用系列组件时，还有一些注意事项，具体如下。

① 对于类目轴，如果没有设置 data 属性，则 ECharts 会自动从系列的 data 属性中获取 data 内容作为类目轴的刻度标签。如果系列中没有定义 data 属性或者 data 属性的值为空，那么就会出现类目轴无法正常显示刻度标签的情况。

② 对于数值轴，刻度标签是根据系列中数据的范围来确定的。通常情况下，数值轴的刻度标签会被设置为系列中数据的最小值和最大值的等间隔值。例如，在一条数值轴上，

如果系列中的数据范围为 0～100，且希望在坐标轴上显示 10 个刻度标签，那么每个刻度标签的间隔值是 10。

4. 标题组件

在图表中，可以通过主标题来对图表的主题进行概括，通过副标题来对主标题进行补充说明或者说明数据来源。在 ECharts 中，通过标题组件可以设置图表中的主标题和副标题。

基础折线图中标题组件的效果如图 2-3 所示。

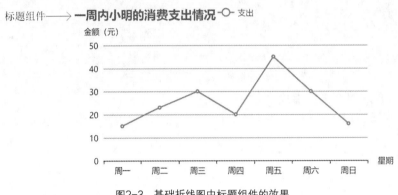

图2-3　基础折线图中标题组件的效果

通过 option 对象的 title 属性可以配置标题组件，title 属性的值为 title 对象，该对象的设置方式如下。

```
var option = {
  title: {}
};
```

title 对象的常用属性如表 2-6 所示。

表 2-6　title 对象的常用属性

属性	说明
show	用于设置是否显示标题组件，默认值为 true，表示显示，设为 false 表示不显示
text	用于设置主标题，支持使用\n 换行，默认值为空
textStyle	用于设置主标题的样式
subtext	用于设置副标题，支持使用\n 换行，默认值为空
subtextStyle	用于设置副标题的样式
itemGap	用于设置主副标题的距离，默认值为 10
left	用于设置标题组件距离容器左侧的距离，默认值为 auto
right	用于设置标题组件距离容器右侧的距离，默认值为 auto
top	用于设置标题组件距离容器上侧的距离，默认值为 auto
bottom	用于设置标题组件距离容器下侧的距离，默认值为 auto
backgroundColor	用于设置标题组件的背景色，默认值为 transparent（透明），该属性生效的前提是 show 属性的值为 true
borderColor	用于设置标题组件的边框颜色，默认值为#ccc，该属性生效的前提是 show 属性的值为 true
borderWidth	用于设置标题的边框线宽，默认值为 0，该属性生效的前提是 show 属性的值为 true

表 2-6 中，left、right、top、bottom 属性的值可以是数字类型的像素值，如 20、30 等，也

可以是相对于容器宽高的百分比字符串，如 20%、30%等。除此之外，left 属性的值可以被设置为 left、center 和 right，分别表示将标题组件显示在容器水平方向的左侧、中间和右侧；top 属性的值可以被设置为 top、middle 和 bottom，分别表示将标题组件显示在容器垂直方向的顶部、中间和底部。

接下来对 textStyle、subtextStyle 属性进行详细讲解。

（1）textStyle 属性

textStyle 属性用于设置主标题的样式，该属性的值为 textStyle 对象，该对象的设置方式如下。

```
var option = {
  title: {
    textStyle: {}
  }
};
```

textStyle 对象的常用属性如表 2-7 所示。

表 2-7　textStyle 对象的常用属性

属性	说明
color	用于设置主标题的颜色，默认值为#333
fontSize	用于设置主标题的字体大小，默认值为 18
width	用于设置主标题的显示宽度，默认值为 100
height	用于设置主标题的显示高度，默认值为 50
overflow	用于设置文字超出宽度是否截断或者换行，该属性在配置了 width 后有效，可选值为 none（默认值）、truncate、break，分别表示文字超出宽度后不截断或不换行、文字超出宽度时截断并在末尾显示 ellipsis 属性配置的文字、文字超出宽度时换行
ellipsis	用于设置当 overflow 属性值为 truncate 时，末尾显示的内容，默认值为...

（2）subtextStyle 属性

subtextStyle 属性用于设置副标题的样式，该属性的值为 subtextStyle 对象，该对象的设置方式如下。

```
var option = {
  title: {
    subtextStyle: {}
  }
};
```

subtextStyle 对象与 textStyle 对象的常用属性基本相同，subtextStyle 对象特有的属性如表 2-8 所示。

表 2-8　subtextStyle 对象特有的属性

属性	说明
align	用于设置副标题的水平对齐方式，可选值有 left、center、right
verticalAlign	用于设置副标题的垂直对齐方式，可选值有 top、middle、bottom

设置图表中标题的示例代码如下。

```
1 var option = {
2   title: {
3     text: '主标题',
```

```
4      subtext: '副标题',
5      left: 'center',
6      top: 'middle',
7      textStyle: {
8        fontSize: 30
9      },
10     subtextStyle: {
11       fontSize: 20
12     },
13     show: true
14   }
15 };
```

在上述示例代码中，第 3～6 行代码分别设置主标题、副标题、标题组件距离容器左侧和顶部的距离；第 7～9 行代码设置主标题的文本样式；第 10～12 行代码设置副标题的文本样式；第 13 行代码用于设置标题组件为显示状态。

 # 任 务 实 现

根据任务需求，基于最近一周内用户浏览量数据绘制基础折线图，本任务的具体实现步骤如下。

① 创建 line.html 文件，在该文件中创建基础 HTML5 文档结构并引入 echarts.js 文件。

② 定义一个指定了宽度和高度的父容器，具体代码如下。

```
1 <body>
2   <div id="main" style="width: 500px; height: 300px;"></div>
3 </body>
```

在上述代码中，第 2 行代码定义了 div 元素，该元素将作为 ECharts 图表的容器。

③ 在步骤②的第 2 行代码下方编写代码，初始化 ECharts 实例对象，准备配置项，并将配置项设置给 ECharts 实例对象，具体代码如下。

```
1 <script>
2   var myChart = echarts.init(document.getElementById('main'));
3   var option = {};
4   option && myChart.setOption(option);
5 </script>
```

在上述代码中，第 2 行代码通过调用 echarts.init()方法创建了一个 ECharts 实例对象；第 3 行代码用于定义图表的配置项；第 4 行代码通过调用 setOption()方法设置 ECharts 实例对象的配置项。

④ 设置基础折线图的配置项和数据，具体代码如下。

```
1 var option = {
2   title: {
3     text: '最近一周内用户浏览量'
4   },
5   xAxis: {
6     name: '星期',
7     type: 'category',
8     data: ['周一', '周二', '周三', '周四', '周五', '周六', '周日']
9   },
10  yAxis: {
11    name: '浏览量（次）',
```

```
12    type: 'value'
13  },
14  series: [
15    {
16      data: [20000, 22000, 25000, 20000, 28000, 24700, 20000],
17      type: 'line'
18    }
19  ]
20 };
```

在上述代码中,第 2~3 行代码用于设置图表标题为"最近一周内用户浏览量";第 5~9 行代码用于设置 x 轴,其中,第 6 行代码用于设置 x 轴的名称为"星期",第 7 行代码用于设置 x 轴的类型为类目轴,第 8 行代码用于设置 x 轴的数据;第 10~13 行代码用于设置 y 轴,其中,第 11 行代码用于设置 y 轴的名称为"浏览量(次)",第 12 行代码用于设置 y 轴的类型为数值轴;第 14~19 行代码用于设置系列,其中,第 16 行代码用于设置数据内容,第 17 行代码用于设置图表类型为基础折线图。

保存上述代码,在浏览器中打开 line.html 文件,最近一周内用户浏览量的基础折线图效果如图 2-4 所示。

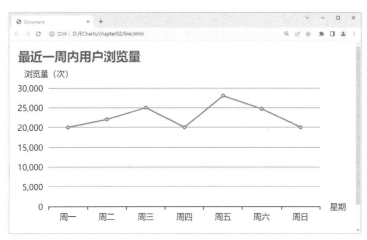

图2-4　最近一周内用户浏览量的基础折线图效果

从图 2-4 中可以看出,最近一周内用户浏览量的基础折线图已经绘制完成。

注意:

由于 ECharts 默认图表样式颜色淡、字号小,将屏幕截图印刷到纸质书上时比较模糊、文字不易辨认,故本书插图对图表进行了颜色加深和放大处理,印刷效果与屏幕显示效果略有不同。请读者以屏幕显示效果为准。

任务 2.1.2　绘制堆叠折线图

　　　　　　　　　　　　任 务 需 求

某校始终积极贯彻落实各项规章制度,定期开展每月考核,切实提高学校课堂教学质量,构建良好教育生态。为了更好地开展工作,各年级班主任需要定期统计学生各科学习成绩,并取均值。班主任希望绘制一张堆叠折线图来更好地展示本班部分学科学习成绩的变化趋势，从而帮助学生、家长和老师及时发现问题并进行查漏补缺，进而提高学生的学习成绩。

初三某班部分学科学习成绩如表 2-9 所示。

表 2-9　初三某班部分学科学习成绩（单位：分）

考试时间	语文	数学	道德与法治	物理
第 1 次月考	90	80	85	70
第 2 次月考	80	82	88	80
第 3 次月考	85	85	85	85
第 4 次月考	87	90	90	90

本任务需要基于初三某班部分学科学习成绩绘制堆叠折线图。

 知 识 储 备

1. 初识堆叠折线图

通过对前文内容的学习，我们了解到基础折线图只能反映一个数据的变化趋势，如果想要反映多个数据的变化趋势，则需要使用堆叠折线图。在堆叠折线图中，不同样本的数据会被放在同一组并堆叠到一起，通过纵向累加展示总量和各部分的比例，帮助用户直观了解数据的整体变化趋势。要查看堆叠折线图中数据的占比，可以通过观察某一类目名称下对应系列的高度与总体高度来获得。

当有两个系列时，使用基础折线图和堆叠折线图进行对比，如图 2-5 所示。

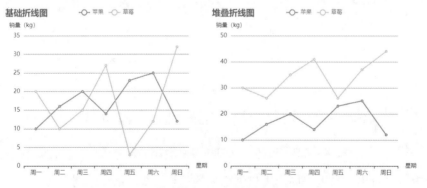

扫码看图

图2-5　基础折线图和堆叠折线图的对比

在图 2-5 中，基础折线图和堆叠折线图中都有两个系列，基础折线图中的每个系列都是独立的。堆叠折线图的第 1 个系列和基础折线图的第 1 个系列的显示方式相同，而堆叠折线图的第 2 个系列的值是在第 1 个系列的值的基础上累计的。由此可见，使用堆叠折线图更容易比较两个系列之间的关系，并且可以清楚地显示每个系列在总和中的占比。同时，堆叠折线图也可以很好地展示趋势的发展过程，因为它们能够清楚地显示每个系列在不同分类下所占的比例。

2. 图例组件

在 ECharts 中，通过图例组件可以设置图表的图例，帮助我们更好地理解图表的内容。图例组件展示了不同系列的标记、颜色和名称。单击图例可以控制特定系列的显示和隐藏。

堆叠折线图中图例组件的效果如图 2-6 所示。

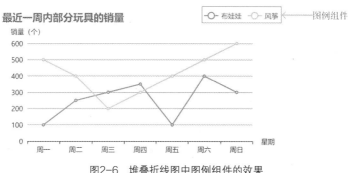

扫码看图

图2-6　堆叠折线图中图例组件的效果

在图 2-6 中，"布娃娃""风筝"为图例组件的数据。单击图例组件中的"布娃娃"，相应的系列被隐藏；再次单击"布娃娃"，相应的系列显示。

通过 option 对象的 legend 属性可以配置图例组件，legend 属性的值为 legend 对象，该对象的设置方式如下。

```
var option = {
  legend: {}
};
```

legend 对象的常用属性如表 2-10 所示。

表 2-10　legend 对象的常用属性

属性	说明
type	用于设置图例的类型，可选值有 plain（默认值）、scroll，分别表示普通图例、可滚动翻页的图例
show	用于设置是否显示图例，默认值为 true，表示显示，设为 false 表示不显示
left	用于设置图例组件离容器左侧的距离，默认值为 auto
right	用于设置图例组件离容器右侧的距离，默认值为 auto
top	用于设置图例组件离容器上侧的距离，默认值为 auto
bottom	用于设置图例组件离容器下侧的距离，默认值为 auto
width	用于设置图例组件的宽度，默认值为 auto
height	用于设置图例组件的高度，默认值为 auto
orient	用于设置图例列表的布局朝向，可选值有 horizontal（默认值）、vertical，分别表示水平朝向、垂直朝向
data	用于设置图例的数据

在表 2-10 中，left、right、top、bottom 属性的值与表 2-6 中对应属性的值相同，在这里不一一进行赘述。

设置图例组件距离容器左侧的距离的示例代码如下。

```
legend: {
  left: '20%'
}
```

在上述示例代码中，图例组件距离容器左侧的距离被设置为 20%。设置后，图例组件会相对于容器的左侧边缘向右移动 20%的距离。

data 属性的值为数组，数组元素通常为字符串，每一个字符串代表一个系列的 name 属性。如果 legend 对象的 data 属性没有被指定，会自动从系列的 name 属性中获取。

设置图表中图例组件的示例代码如下。

```
legend: {
  data: ['梅花', '兰花', '竹', '菊花']
}
```

上述示例代码通过 legend 对象的 data 属性设置了图例的数据。

3. 数据堆叠

在 ECharts 中，通过系列的 stack 属性可以实现数据堆叠。数据堆叠是指将多组数据层叠在一起以便比较和分析各组数据之间的关系。数据堆叠被广泛应用于各种数据可视化场景，包括但不限于人口统计、经济数据和环境监测等。

在 ECharts 中，常见的可以进行数据堆叠的图表有折线图、柱状图等。在系列的 stack 属性值相同的情况下，如果系列的 type 属性值为 line，则会形成堆叠折线图，如果系列的 type 属性值为 bar，则会形成堆叠柱状图。

stack 属性的值为字符串类型的数据，stack 属性的设置方式如下。

```
series: [
  {
    stack: ''
  }
]
```

在上述代码中，stack 属性的值可以是任意字符串，例如 subject、room、book 等。在同一条类目轴上，如果 stack 属性值相同，则系列可以堆叠放置。

需要注意的是，stack 属性仅支持 xAxis 或 yAxis 中 type 属性值为 value 的数值轴，不支持 type 属性值为 category 的类目轴。

4. 折线图的文本标签

为了让用户更直观地了解折线图中每个数据项的数值，可以通过系列的 label 属性设置折线图的文本标签。当系列的 type 属性值为 line，并且设置了 label 属性时，可设置折线图的文本标签。

label 属性的值为 label 对象，折线图中 label 对象的常用属性如表 2-11 所示。

表 2-11　折线图中 label 对象的常用属性

属性	说明
show	用于设置是否显示文本标签，默认值为 false，表示不显示，设为 true 表示显示
position	用于设置文本标签的位置，默认值为 top，表示文本标签在数据项上方显示

在表 2-11 中，position 属性的可选值除 top 之外，常用的可选值还有 bottom、left、right、inside、insideLeft、insideRight、insideTop、insideBottom 等。其中，bottom 表示文本标签在数据项下方显示；left 表示在数据项左侧显示；right 表示在数据项右侧显示；inside 表示在数据项内部显示；insideLeft 表示在数据项内部的左侧显示；insideRight 表示在数据项内部的右侧显示；insideTop 表示在数据项内部的上方显示；insideBottom 表示在数据项内部的下方显示。

设置折线图文本标签的示例代码如下。

```
1 series: [
2   {
3     type: 'line',
4     label: {
```

```
5      show: true,
6      position: 'left'
7    }
8  }
9  ]
```

在上述示例代码中，第 4～7 行代码用于设置折线图中文本标签为显示状态，文本标签在数据项左侧显示。

 任 务 实 现

根据任务需求，基于初三某班部分学科学习成绩绘制堆叠折线图，本任务的具体实现步骤如下。

① 创建 stackedLine.html 文件，在该文件中创建基础 HTML5 文档结构并引入 echarts.js 文件。

② 定义一个指定了宽度和高度的父容器，具体代码如下。

```
1  <body>
2    <div id="main" style="width: 800px; height: 400px;"></div>
3  </body>
```

③ 在步骤②的第 2 行代码下方编写代码，初始化 ECharts 实例对象，准备配置项，并将配置项设置给 ECharts 实例对象，具体代码如下。

```
1  <script>
2    var myChart = echarts.init(document.getElementById('main'));
3    var option = {};
4    option && myChart.setOption(option);
5  </script>
```

④ 设置堆叠折线图的配置项和数据，具体代码如下。

```
1  var option = {
2    title: {
3      text: '初三某班部分学科学习成绩'
4    },
5    legend: {},
6    xAxis: {
7      type: 'category',
8      name: '考试时间',
9      data: ['第 1 次月考', '第 2 次月考', '第 3 次月考', '第 4 次月考']
10   },
11   yAxis: {
12     name: '成绩',
13     type: 'value'
14   },
15   series: [
16     {
17       name: '语文',
18       type: 'line',
19       stack: 'subject',
20       data: [90, 80, 85, 87],
21       label: {
22         show: true
23       }
24     },
25     {
```

```
26       name: '数学',
27       type: 'line',
28       stack: 'subject',
29       data: [80, 82, 85, 90],
30       label: {
31         show: true
32       }
33     },
34     {
35      name: '道德与法治',
36      type: 'line',
37      stack: 'subject',
38      data: [85, 88, 85, 90],
39      label: {
40        show: true
41      }
42     },
43     {
44      name: '物理',
45      type: 'line',
46      stack: 'subject',
47      data: [70, 80, 85, 90],
48      label: {
49        show: true
50      }
51     }
52   ]
53 };
```

在上述代码中，第 5 行代码用于设置图表的图例，图例的名称自动从系列的 name 属性中获取；第 15～52 行代码用于设置图表的数据，其中，name 属性的值表示系列的名称，type 属性的值为 line，表示图表的类型为折线图，data 属性的值表示系列的数据内容，stack 属性用于设置数据堆叠，其值为 subject，在类目轴上属性值相同，可以堆叠放置，label 属性用于设置文本标签为显示状态。

保存上述代码，在浏览器中打开 stackedLine.html 文件，初三某班部分学科学习成绩的堆叠折线图效果如图 2-7 所示。

扫码看图

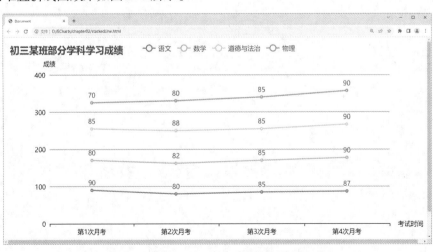

图2-7　初三某班部分学科学习成绩的堆叠折线图效果

从图 2-7 中可以看出，初三某班部分学科学习成绩的堆叠折线图已经绘制完成。

任务 2.1.3　绘制区域面积图

任务需求

自媒体的兴起为人们提供了多元化的信息来源，丰富了我们的生活和工作。通过自媒体，我们可以记录美好生活，分享风土人情。

小王是一名美食博主，他主要通过拍摄充满生活气息的内容并通过幽默诙谐的讲述方式来吸引观众，让他们了解不同地区的美食。经过多年的努力，他的账号已经拥有了 5 万多个粉丝。

小王运营的账号近几年的粉丝数量如表 2-12 所示。

表 2-12　小王运营的账号近几年的粉丝数量（单位：人）

2018 年	2019 年	2020 年	2021 年	2022 年
12000	30000	30300	40020	55000

本任务需要基于小王运营的账号近几年的粉丝数量绘制区域面积图。

知识储备

1. 初识区域面积图

区域面积图通常用于展示数据与时间或其他连续性变量的变化趋势。在区域面积图中，折线与 x 轴或 y 轴所构成的阴影部分即区域面积图。相对于基础折线图，区域面积图在强调数据整体趋势和变化方面效果更加明显。

区域面积图的效果如图 2-8 所示。

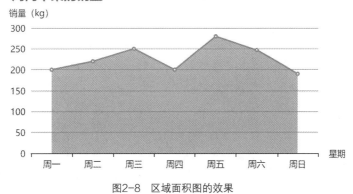

图2-8　区域面积图的效果

从图 2-8 中可以看出，周五为一周内苹果销量最高的一天。

2. 区域填充样式

在折线图中，若要传达总体数据，而不是确切的单个数据，可以为折线图设置区域填充样式。当系列的 type 属性值为 line 并且设置了 areaStyle 属性时，图表类型为区域面积图。areaStyle 属性的值为 areaStyle 对象，该对象的设置方式如下。

```
series: [
  {
    areaStyle: {}
  }
]
```

areaStyle 对象的常用属性如表 2-13 所示。

表 2-13   areaStyle 对象的常用属性

属性	说明
color	用于设置填充的颜色，默认值为#000
opacity	用于设置图形的不透明度，默认值为 0.7
origin	用于设置图形区域的起始位置，可选值为 auto（默认值）、start、end，分别表示填充坐标轴轴线到数据间的区域、填充坐标轴底部到数据间的区域、填充坐标轴顶部到数据间的区域

设置折线图区域填充样式的示例代码如下。

```
1  series: [
2    {
3      type: 'line',
4      areaStyle: {
5        color: '#555',
6        opacity: 0.5
7      }
8    }
9  ]
```

在上述示例代码中，第 3 行代码中 type 属性设置图表类型为折线图；第 4~7 行代码设置区域填充样式，其中，第 5 行代码设置区域填充颜色为#555，第 6 行代码设置图形的不透明度为 0.5。

3. 网格组件

在 ECharts 中，网格组件用于在直角坐标系内显示网格。区域面积图中网格组件的效果如图 2-9 所示。

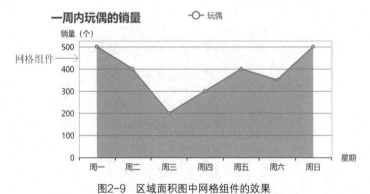

图2-9   区域面积图中网格组件的效果

通过 option 对象的 grid 属性可以配置网格组件，grid 属性的值为 grid 对象，该对象的设置方式如下。

```
var option = {
  grid: {}
};
```

grid 对象的常用属性如表 2-14 所示。

表 2-14   grid 对象的常用属性

属性	说明
show	用于设置是否显示直角坐标系网格，默认值为 false，表示不显示，设为 true 表示显示
left	用于设置网格组件距离容器左侧的距离，默认值为 10%
right	用于设置网格组件距离容器右侧的距离，默认值为 10%
top	用于设置网格组件距离容器上侧的距离，默认值为 60
bottom	用于设置网格组件距离容器下侧的距离，默认值为 60
width	用于设置网格组件的宽度，默认值为 auto
height	用于设置网格组件的高度，默认值为 auto
backgroundColor	用于设置网格组件的背景色，默认值为 transparent，该属性生效的前提是 show 属性的值为 true
borderColor	用于设置网格组件的边框颜色，默认值为#ccc，该属性生效的前提是 show 属性的值为 true
borderWidth	用于设置网格的边框线宽，默认值为 1，该属性生效的前提是 show 属性的值为 true

表 2-14 中，left、right、top、bottom 属性的值与表 2-6 中对应属性的值相同，在这里不一一进行赘述。

设置图表中网格的示例代码如下。

```
1  var option = {
2    grid: {
3      show: true,
4      left: 30,
5      right: 30,
6      top: '10%',
7      bottom: '10%',
8      backgroundColor: 'red',
9      borderColor: 'black',
10     borderWidth: 2
11   }
12 };
```

在上述示例代码中，第 2~11 行代码用于设置图表的网格，其中，第 3 行代码用于设置网格为显示状态；第 4~7 行代码用于设置网格距离容器左、右、上、下侧的距离；第 8 行代码用于设置网格的背景色；第 9 行代码用于设置网格的边框颜色；第 10 行代码用于设置网格的边框线宽。

 任 务 实 现

根据任务需求，基于小王运营的账号近几年的粉丝数量绘制区域面积图，本任务的具体实现步骤如下。

① 创建 area.html 文件，在该文件中创建基础 HTML5 文档结构并引入 echarts.js 文件。

② 定义一个指定了宽度和高度的父容器，具体代码如下。

```
1  <body>
2    <div id="main" style="width: 800px; height: 400px;"></div>
3  </body>
```

③ 在步骤②的第 2 行代码下方编写代码，初始化 ECharts 实例对象，准备配置项，并

将配置项设置给 ECharts 实例对象，具体代码如下。

```
1  <script>
2    var myChart = echarts.init(document.getElementById('main'));
3    var option = {};
4    option && myChart.setOption(option);
5  </script>
```

④ 设置区域面积图的配置项和数据，具体代码如下。

```
1  var option = {
2    title: {
3      text: '小王运营的账号近几年的粉丝数量'
4    },
5    grid: {
6      show: true,
7      left: 50,
8      right: 50,
9      top: '10%',
10     bottom: '10%'
11   },
12   xAxis: {
13     name: '年份',
14     type: 'category',
15     boundaryGap: false,
16     data: ['2018', '2019', '2020', '2021', '2022']
17   },
18   yAxis: {
19     name: '粉丝数量（人）',
20     type: 'value',
21   },
22   series: [
23     {
24       data: [12000, 30000, 30300, 40020, 55000],
25       type: 'line',
26       areaStyle: {},
27       label: {
28         show: true
29       }
30     }
31   ]
32 };
```

在上述代码中，第 5~11 行代码用于设置图表的网格，其中，第 6 行代码用于设置网格为显示状态，第 7~10 行代码用于设置网格距离容器左、右、上、下侧的距离；第 22~31 行代码用于设置系列数据，其中，第 26 行代码用于设置折线图区域填充样式，当 areaStyle 对象为空时，区域填充样式为默认值，即默认填充颜色为#000、图形的不透明度为 0.7、填充坐标轴线到数据间的区域。

保存上述代码，在浏览器中打开 area.html 文件，小王运营的账号近几年的粉丝数量的区域面积图效果如图 2-10 所示。

从图 2-10 中可以看出，小王运营的账号近几年的粉丝数量的区域面积图已经绘制完成。通过该区域面积图可以很直观地看出小王运营的账号近几年的粉丝数量的增长趋势。

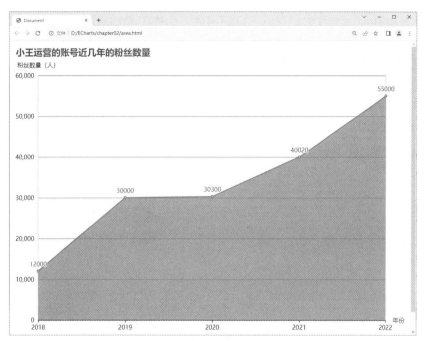

图2-10　小王运营的账号近几年的粉丝数量的区域面积图效果

任务 2.1.4　绘制堆叠面积折线图

任　务　需　求

"小饼如嚼月，中有酥与饴"表达了苏轼对于月饼的喜爱。如今，月饼与各地的饮食习俗相融合，发展出了广式、京式、苏式等各种口味的月饼。姚经理希望绘制一张堆叠面积折线图来更好地展示各个季度不同口味月饼的销售趋势，从而制定更好的销售措施，提升月饼的销量。

姚经理整理了各个季度不同口味月饼的销售数量，如表 2-15 所示。

表 2-15　各个季度不同口味月饼的销售数量（单位：万盒）

时间	广式月饼	京式月饼	苏式月饼
第 1 季度	7	8	9
第 2 季度	9	10	8
第 3 季度	11	13	12
第 4 季度	8	12	11

本任务需要基于各个季度不同口味月饼的销售数量绘制堆叠面积折线图。

知　识　储　备

1. 初识堆叠面积折线图

堆叠面积折线图类似于区域面积图，不同之处在于它将不同系列的数据堆叠起来展示，每个系列的面积会按照其数值大小依次叠加。在堆叠面积折线图中，每个数据所占的面积都会被堆叠放置在前一个数据的上方，从而形成一个逐层叠加的面积图形式。这种图表常用于对多个趋势相似的数据进行比较，如对比不同产品在销售额方面的情况等。

堆叠面积折线图可以非常清晰地表现出各个数据在总体数据中的占比关系，同时也可以很容易地比较不同系列之间的相对大小，更加清晰地理解数据之间的关系。要查看堆叠面积折线图中数据的占比，可以通过观察某一类目名称下对应系列的高度与总体高度来获得。

堆叠面积折线图的效果如图 2-11 所示。

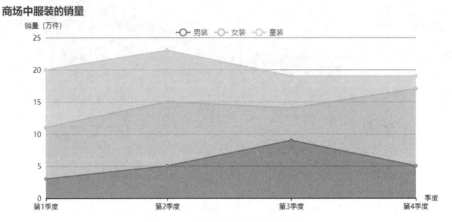

图2-11　堆叠面积折线图的效果

从图 2-11 中可以看出，第 4 季度不同服装的占比中，女装的销量最高。

2. 提示框组件

在 ECharts 中，提示框组件可以在图表中显示一个提示框，从而帮助用户更好地了解数据。堆叠面积折线图中提示框组件的效果如图 2-12 所示。

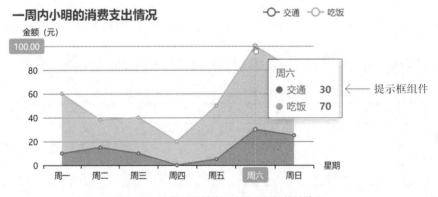

图2-12　堆叠面积折线图中提示框组件的效果

在 ECharts 中，通过 tooltip 属性可以配置提示框组件。tooltip 属性可以应用在以下 4 种情境中。

- 在全局中应用：在 option 中添加 tooltip。
- 在网格组件中应用：在 grid 中添加 tooltip。
- 在系列组件中应用：在 series 中添加 tooltip。
- 在系列的每个数据项中应用：在 series 的 data 中添加 tooltip。

这里只讲解如何在全局中使用 tooltip 属性，其他情境的使用方式与之类似。

tooltip 属性的值为 tooltip 对象，该对象的设置方式如下。

```
var option = {
  tooltip: {}
};
```

tooltip 对象的常用属性如表 2-16 所示。

表 2-16　tooltip 对象的常用属性

属性	说明
show	用于设置是否显示提示框组件，可选值为 true（默认值）、false，分别表示显示提示框组件、不显示提示框组件
trigger	用于设置触发类型
axisPointer	用于设置坐标轴指示器，即鼠标指针移入对应数据项坐标轴显示的指示器样式或行为

由于 trigger、axisPointer 属性比较复杂，下面对这些属性进行详细讲解。

（1）trigger 属性

trigger 属性的常用可选值如下。

- item：默认值，表示鼠标指针移入数据项元素触发提示框，提示框会显示当前位置的数据信息。

- axis：鼠标指针移入坐标轴触发。

- none：不触发。

（2）axisPointer 属性

axisPointer 属性的值为 axisPointer 对象，该对象的设置方式如下。

```
var option = {
  tooltip: {
    axisPointer: {
      type: '',
      label: {}
    }
  }
};
```

axisPointer 对象的常用属性如表 2-17 所示。

表 2-17　axisPointer 对象的常用属性

属性	说明
type	用于设置指示器类型，可选值有 line（默认值）、shadow、none、cross，分别表示直线指示器、阴影指示器、无指示器、十字准星指示器
label	用于设置坐标轴指示器的文本标签

表 2-17 中，label 属性的值为 label 对象，该对象的常用属性如表 2-18 所示。

表 2-18　label 对象的常用属性

属性	说明
show	用于设置坐标轴指示器中文本标签的显示状态，可选值为 false（默认值）、true，分别表示不显示文本标签、显示文本标签。但是如果 axisPointer 对象的 type 属性的值被设置为 cross，则默认值为 true，表示显示文本标签

续表

属性	说明
color	用于设置文本颜色，默认值为#fff
backgroundColor	用于设置文本标签的背景色
fontSize	用于设置文字的字体大小，默认值为 12

设置提示框的示例代码如下。

```
1  var option = {
2    tooltip: {
3      trigger: 'axis',
4      axisPointer: {
5        type: 'cross',
6        label: {
7          color: '#6a7986'
8        }
9      }
10   }
11 };
```

在上述示例代码中，第 3 行代码设置了触发类型为坐标轴触发；第 4～9 行代码设置了坐标轴指示器配置项，将指示器类型设置为十字准星指示器，文本颜色为#6a7986。

 任 务 实 现

根据任务需求，基于各个季度不同口味月饼的销售数量绘制堆叠面积折线图，本任务的具体实现步骤如下。

① 创建 stackedArea.html 文件，在该文件中创建基础 HTML5 文档结构并引入 echarts.js 文件。

② 定义一个指定了宽度和高度的父容器，具体代码如下。

```
1  <body>
2    <div id="main" style="width: 800px; height: 400px;"></div>
3  </body>
```

③ 在步骤②的第 2 行代码下方编写代码，初始化 ECharts 实例对象，准备配置项，并将配置项设置给 ECharts 实例对象，具体代码如下。

```
1  <script>
2    var myChart = echarts.init(document.getElementById('main'));
3    var option = {};
4    option && myChart.setOption(option);
5  </script>
```

④ 设置堆叠面积折线图的配置项和数据，具体代码如下。

```
1  var option = {
2    title: {
3      text: '各个季度不同口味月饼的销售数量'
4    },
5    tooltip: {
6      trigger: 'axis',
7      axisPointer: {
8        type: 'cross',
9        label: {
```

```
10          backgroundColor: '#aaa'
11       }
12     }
13  },
14  legend: {
15    top: '10%'
16  },
17  xAxis: {
18    name: '季度',
19    boundaryGap: false,
20    type: 'category',
21    data: ['第 1 季度', '第 2 季度', '第 3 季度', '第 4 季度']
22  },
23  yAxis: {
24    name: '数量（万盒）',
25    type: 'value'
26  },
27  series: [
28    {
29      name: '广式月饼',
30      type: 'line',
31      stack: 'cake',
32      data: [7, 9, 11, 8],
33      areaStyle: {}
34    },
35    {
36      name: '京式月饼',
37      type: 'line',
38      stack: 'cake',
39      data: [8, 10, 13, 12],
40      areaStyle: {}
41    },
42    {
43      name: '苏式月饼',
44      type: 'line',
45      stack: 'cake',
46      data: [9, 8, 12, 11],
47      areaStyle: {}
48    }
49  ]
50 };
```

在上述代码中，第 5～13 行代码用于设置提示框的触发类型为坐标轴触发、坐标轴指示器类型为十字准星指示器、坐标轴指示器文本标签背景色为#aaa。

保存上述代码，在浏览器中打开 stackedArea.html 文件，各个季度不同口味月饼的销售数量的堆叠面积折线图效果如图 2-13 所示。

从图 2-13 中可以看出，各个季度不同口味月饼的销售数量的堆叠面积折线图已经绘制完成。通过该堆叠面积折线图可以很直观地看出各个季度不同口味月饼的销售趋势以及月饼销售总量趋势。

鼠标指针移入第 3 季度数据项所在坐标轴的页面效果如图 2-14 所示。

从图 2-14 中可以看出，当鼠标指针移入第 3 季度数据项所在的坐标轴时，页面中会弹出一个提示框，提示框中显示第 3 季度广式月饼、京式月饼和苏式月饼的销量。

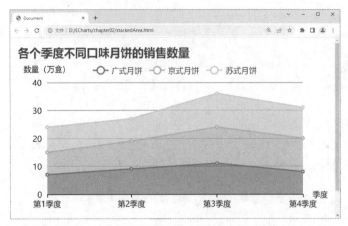

图2-13　各个季度不同口味月饼的销售数量的堆叠面积折线图效果

图2-14　鼠标指针移入第3季度数据项所在坐标轴的页面效果

任务 2.1.5　绘制阶梯折线图

 任 务 需 求

　　自全面建成小康社会以来，我国人民生活水平普遍提高，大众对于美好生活的追求已由物质需求转变为精神需求。故每逢节假日，各地知名旅游景点都人山人海，热闹非凡。对此，各地政府会据实际情况做出相关安排，保障游客的安全，维护游客的合法权益。景点负责人希望绘制一张阶梯折线图展示某景点一年来门票价格的变化情况，从而更好地分析门票销售情况，并制定相应的营销策略。

　　某景点一年来的门票价格如表 2-19 所示。

表 2-19　某景点一年来的门票价格（单位：元/张）

月份	价格	月份	价格	月份	价格
1 月	20	5 月	30	9 月	30
2 月	20	6 月	30	10 月	30
3 月	20	7 月	30	11 月	30
4 月	30	8 月	30	12 月	20

本任务需要基于门票价格绘制阶梯折线图。

知 识 储 备

1. 初识阶梯折线图

阶梯折线图为折线图的一种类型，用于显示数据的阶段性变化。在现实生活中，会发生阶段性变化的数据有很多，例如：工资会在一段时间内维持在同一水平上，直到某一阶段突然上升或下降。

阶梯折线图的效果如图 2-15 所示。

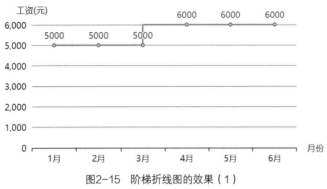

图2-15　阶梯折线图的效果（1）

从图 2-15 中可以看出，小丽 1～3 月的工资为 5000 元，4～6 月的工资为 6000 元。

阶梯折线图的线段垂直于 x 轴或 y 轴，并且通过水平或者垂直的直线段连接，通过设置 step 属性值，控制连接直线段的方式。

在 ECharts 中，当设置系列的 type 属性值为 line 时，若设置 step 属性值为 false，则图表显示为基础折线图。若设置 step 属性值为以下合法值时，则图表显示为阶梯折线图。

- true：表示图表显示为阶梯折线图，效果参考图 2-15。
- start：表示阶梯折线图拐点为当前数据项（与 step 属性值为 true 时效果相同），效果参考图 2-15。
- middle：表示阶梯折线图拐点为当前数据项与下个数据项的中间点，效果参考图 2-16。

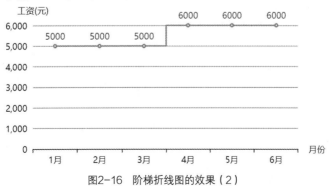

图2-16　阶梯折线图的效果（2）

● **end**: 表示阶梯折线图拐点为下个数据项, 效果参考图 2-17。

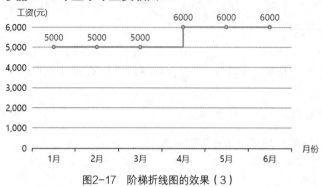

图2-17　阶梯折线图的效果（3）

设置阶梯折线图的示例代码如下。

```
1  series: [
2    {
3      type: 'line',
4      step: 'start'
5    }
6  ]
```

在上述示例代码中, 第 3 行代码用于设置图表类型为折线图, 第 4 行代码用于设置阶梯折线图的拐点为当前数据项。

2. 工具栏组件

在 ECharts 中, 工具栏组件提供了一些功能, 例如保存为图片、数据视图、还原等。阶梯折线图中工具栏组件的效果如图 2-18 所示。

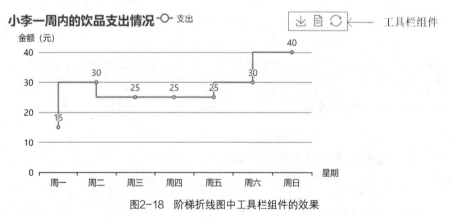

图2-18　阶梯折线图中工具栏组件的效果

图 2-18 中的 3 个工具从左到右依次是保存为图片、数据视图、还原。

通过 option 对象的 toolbox 属性可以配置工具栏组件, toolbox 属性的值为 toolbox 对象, 该对象的设置方式如下。

```
var option = {
  toolbox: {}
};
```

toolbox 对象的常用属性如表 2-20 所示。

表 2-20　toolbox 对象的常用属性

属性	说明
show	用于设置是否显示工具栏组件，默认值为 true，表示显示，设为 false 表示不显示
orient	用于设置工具栏 icon 的布局朝向，可选值有 horizontal（默认值）、vertical，分别表示横向布局、纵向布局
itemSize	用于设置工具栏 icon 的大小，默认值为 15
itemGap	用于设置工具栏 icon 每项的间隔。横向布局时为水平间隔，纵向布局时为纵向间隔。默认值为 8
showTitle	用于设置是否在鼠标指针滑过的时候显示每个工具 icon 的标题，默认值为 true
feature	用于设置各工具配置项
left	用于设置工具栏组件距离容器左侧的距离，默认值为 auto
right	用于设置工具栏组件距离容器右侧的距离，默认值为 auto
top	用于设置工具栏组件距离容器上侧的距离，默认值为 auto
bottom	用于设置工具栏组件距离容器下侧的距离，默认值为 auto
width	用于设置工具栏组件的宽度，默认值为 auto
height	用于设置工具栏组件的高度，默认值为 auto

表 2-20 中，feature 属性的值为 feature 对象，该对象的设置方式如下。

```
var option = {
  toolbox: {
    feature: {}
  }
};
```

feature 对象的常用属性如表 2-21 所示。

表 2-21　feature 对象的常用属性

属性	说明
saveAsImage	用于将图表保存为图片
restore	用于设置配置项还原
dataView	用于设置数据视图

下面对 saveAsImage、restore、dataView 属性进行详细讲解。

（1）saveAsImage 属性

saveAsImage 属性的值为 saveAsImage 对象，该对象的常用属性如表 2-22 所示。

表 2-22　saveAsImage 对象的常用属性

属性	说明
type	用于设置保存的图片格式，默认值为 png
name	用于设置保存的文件名称，默认使用 title 对象的 text 属性的值作为名称
backgroundColor	用于设置保存的图片背景色，默认为白色
show	用于设置是否显示该工具，默认值为 true，表示显示，设为 false 表示不显示
title	用于设置标题，默认值为"保存为图片"

（2）restore 属性

restore 属性的值为 restore 对象，该对象的常用属性如表 2-23 所示。

表 2-23　restore 对象的常用属性

属性	说明
show	用于设置是否显示该工具，默认值为 true，表示显示，设为 false 表示不显示
title	用于设置标题，默认值为"还原"

（3）dataView 属性

dataView 属性的值为 dataView 对象，该对象的常用属性如表 2-24 所示。

表 2-24　dataView 对象的常用属性

属性	说明
show	用于设置是否显示该工具，默认值为 true，表示显示，设为 false 表示不显示
title	用于设置标题，默认值为"数据视图"
lang	用于设置数据视图上的 3 个话术，默认是['数据视图', '关闭', '刷新']

 任 务 实 现

根据任务需求，基于门票价格绘制阶梯折线图，本任务的具体实现步骤如下。

① 创建 steppedLine.html 文件，在该文件中创建基础 HTML5 文档结构并引入 echarts.js 文件。

② 定义一个指定了宽度和高度的父容器，具体代码如下。

```
1  <body>
2    <div id="main" style="width: 600px; height: 300px;"></div>
3  </body>
```

③ 在步骤②的第 2 行代码下方编写代码，初始化 ECharts 实例对象，准备配置项，并将配置项设置给 ECharts 实例对象，具体代码如下。

```
1  <script>
2    var myChart = echarts.init(document.getElementById('main'));
3    var option = {};
4    option && myChart.setOption(option);
5  </script>
```

④ 在步骤③的第 2 行代码下方编写代码，根据表 2-19 中的月份定义 x 轴的数据，具体代码如下。

```
var xDataArr = ['1月', '2月', '3月','4月', '5月', '6月', '7月', '8月', '9月',
'10月', '11月', '12月'];
```

上述代码定义了一个数组变量 xDataArr，用于存放 x 轴的数据。

⑤ 在步骤④的代码下方编写代码，根据表 2-19 中的门票价格定义 y 轴的数据，具体代码如下。

```
var yDataArr = [20, 20, 20, 30, 30, 30, 30, 30, 30, 30, 30, 20];
```

上述代码定义了一个数组变量 yDataArr，用于存放 y 轴的数据。

⑥ 设置阶梯折线图的配置项和数据，具体代码如下。

```
1  var option = {
2    title: {
```

```
 3     text: '门票价格'
 4   },
 5   toolbox: {
 6     feature: {
 7       saveAsImage: {},
 8       dataView: {},
 9       restore: {}
10     }
11   },
12   xAxis: {
13     name: '月份',
14     type: 'category',
15     data: xDataArr
16   },
17   yAxis: {
18     name: '价格（元/张）',
19     type: 'value'
20   },
21   series: [
22     {
23       type: 'line',
24       step: 'middle',
25       data: yDataArr
26     }
27   ]
28 };
```

　　在上述代码中，第 5～11 行代码用于设置图表的工具栏，实现保存为图片、数据视图、还原的功能；第 17～20 行代码用于配置 y 轴；第 21～27 行代码用于设置图表的数据，step 属性的值为 middle 表示阶梯折线图拐点为当前数据项与下一个数据项的中间点，data 属性的值为 y 轴的数据。

　　保存上述代码，在浏览器中打开 steppedLine.html 文件，门票价格的阶梯折线图效果如图 2-19 所示。

扫码看图

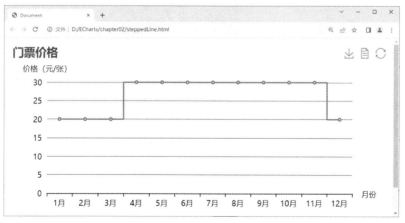

图2-19　门票价格的阶梯折线图效果

　　在图 2-19 中，单击右上角的"⤓"按钮、"▤"按钮、"↻"按钮分别可以进行将当前图表保存为图片、展示数据视图、还原图表操作。

从图 2-19 中可以看出，门票价格的阶梯折线图已经绘制完成。通过该阶梯折线图可以很直观地看出门票价格及门票价格的变化趋势。

任务 2.1.6　绘制平滑曲线图

任 务 需 求

妙妙是快递站的老板，她希望绘制一张平滑曲线图来更好地展示一周之内快递的发货数量，并通过该图表展示快递发货数量的变化趋势，帮助妙妙更好地了解快递站的发货情况，从而更好地管理快递站的日常工作。

一周之内快递发货数量如表 2-25 所示。

表 2-25　一周之内快递发货数量（单位：单）

周一	周二	周三	周四	周五	周六	周日
100	50	80	60	110	120	130

本任务需要基于一周之内快递发货数量绘制平滑曲线图。

知 识 储 备

1. 初识平滑曲线图

平滑曲线图与之前学习过的基础折线图一样，都可以用来反映数据随着时间推移而产生的变化趋势。它们的区别在于基础折线图更关注点数据，即短时间内数据随时间变化的趋势；而平滑曲线图更关注由点构成的线数据，即整体数据在一段时间内随时间变化的趋势。换句话说，当数据波动较大时，我们应该使用平滑曲线图，因为平滑曲线图能更好地表达数据随时间变化的整体趋势或周期性，避免了基础折线图所导致的上下波动的混乱感。

平滑曲线图的效果如图 2-20 所示。

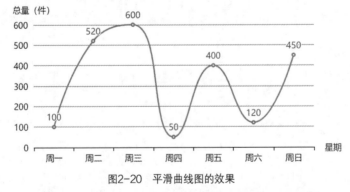
图2-20　平滑曲线图的效果

从图 2-20 中可以看出，周三打包的快递数量最多，周四打包的快递数量最少。

2. 数据集组件

在 ECharts 中，数据集组件用于管理数据。将数据设置在数据集组件中的优势如下。

① 能够贴近数据可视化的常见思维方式。首先提供数据，然后指定数据到视觉的映射，从而形成图表。

② 数据和其他配置可以被分离开来。在图表中，数据会随着场景的改变而改变，但是标题、提示框等配置项通常不会随着场景的改变而改变，所以将数据和其他配置项分开易于管理。

③ 数据可以被多个系列或者组件复用，对于大数据量的场景，不必为每个系列都创建一份数据。

④ 支持更多数据的常用格式，例如二维数组、对象的形式，在一定程度上可避免转换数据格式。

通过 option 对象的 dataset 属性可以配置数据集组件，dataset 属性的值为 dataset 对象，该对象的设置方式如下。

```
var option = {
  dataset: {}
};
```

dataset 对象的常用属性为 source 属性，该属性用于定义数据。ECharts 可以将 dataset 对象中定义的数据映射到系列中，形成图表。source 属性的设置方式如下。

```
var option = {
  dataset: {
    source: 属性值
  }
};
```

source 属性的值有 3 种形式，下面分别进行讲解。

（1）source 属性的值是二维数组

如果数据是二维表，可以用二维数组格式来生成二维表，在第 1 行或第 1 列中可以给出维度名，维度名用来定义二维数组中每一列的名称。示例代码如下。

```
1 dataset: {
2   source: [
3     ['food', '数量'],
4     ['冰皮月饼', 120],
5     ['五仁月饼', 119],
6     ['酥皮月饼', 110],
7     ['果蔬月饼', 112]
8   ]
9 }
```

（2）source 属性的值是一维数组

source 属性的值为一维数组时，数组中的每个元素均为对象，对象的属性名表示维度名，属性值表示该维度名的取值，示例代码如下。

```
1 dataset: {
2   source: [
3     { food: '冰皮月饼', count: 120 },
4     { food: '五仁月饼', count: 119 },
5     { food: '酥皮月饼', count: 110 },
6     { food: '果蔬月饼', count: 112 }
7   ]
8 }
```

（3）source 属性的值是对象

source 属性的值是对象时，对象的每个属性表示二维数组的一列，示例代码如下。

```
1 dataset: {
2   source: {
```

```
3        'food': ['冰皮月饼', '五仁月饼', '酥皮月饼', '果蔬月饼'],
4        'count': [120, 119, 110, 112]
5    }
6 }
```

3. 平滑曲线的设置

当系列的 type 属性值为 line 并且设置了 smooth 属性时，图表类型为平滑曲线图。

smooth 属性用于设置是否显示平滑曲线，该属性的值为布尔类型的数据或数字类型的数据，下面分别进行讲解。

（1）smooth 属性的值为布尔类型的数据

当 smooth 属性的值为布尔类型的数据时，若 smooth 属性的值为 true，则表示显示平滑曲线；若 smooth 属性的值为 false，则表示不显示平滑曲线。

例如，使用 smooth 属性设置平滑曲线图的示例代码如下。

```
series: [
  {
    smooth: true,
  }
]
```

（2）smooth 属性的值为数字类型的数据

当 smooth 属性的值为数字类型的数据时，smooth 属性的取值范围为 0 到 1。当系列的 type 属性值为 line 时，若 smooth 属性的值为 0，则生成基础折线图；若 smooth 属性的值为 1，则生成平滑曲线图；若 smooth 属性的值介于 0 和 1 之间，数字越接近 1，生成的平滑曲线越弯曲，相反，数字越接近 0，生成的平滑曲线越接近直线。

例如，使用 smooth 属性设置平滑曲线图的示例代码如下。

```
series: [
  {
    smooth: 0.5
  }
]
```

在上述示例代码中，smooth 属性值设为 0.5，相当于 smooth 属性值设为 true。

任 务 实 现

根据任务需求，基于一周之内快递发货数量绘制平滑曲线图，本任务的具体实现步骤如下。

① 创建 curve.html 文件，在该文件中创建基础 HTML5 文档结构并引入 echarts.js 文件。

② 定义一个指定了宽度和高度的父容器，具体代码如下。

```
1 <body>
2   <div id="main" style="width: 500px; height: 300px;"></div>
3 </body>
```

③ 在步骤②的第 2 行代码下方编写代码，初始化 ECharts 实例对象，准备配置项，并将配置项设置给 ECharts 实例对象，具体代码如下。

```
1 <script>
2   var myChart = echarts.init(document.getElementById('main'));
3   var option = {};
4   option && myChart.setOption(option);
5 </script>
```

④ 设置平滑曲线图的配置项和数据，具体代码如下。

```
1  var option = {
2    title: {
3      text: '一周之内快递发货数量'
4    },
5    dataset: {
6      source: {
7        'time': ['周一', '周二', '周三', '周四', '周五', '周六', '周日'],
8        'count': [100, 50, 80, 60, 110, 120, 130]
9      }
10   },
11   xAxis: {
12     name: '星期',
13     type: 'category'
14   },
15   yAxis: {
16     name: '发货总量（单）'
17   },
18   series: [
19     {
20       type: 'line',
21       smooth: true,
22       label: {
23         show: true
24       }
25     }
26   ]
27 };
```

在上述代码中，第 5~10 行代码用于通过 dataset 属性设置数据集，通过 source 属性以对象的形式来定义数据，对象中的每一项表示二维数组的一列；第 18~26 行代码设置了系列，smooth 属性的值为 true 表示折线图以平滑曲线图形式显示。

保存上述代码，在浏览器中打开 curve.html 文件，一周之内快递发货数量的平滑曲线图效果如图 2-21 所示。

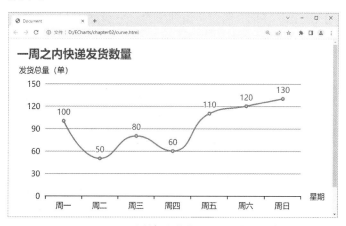

图2-21　一周之内快递发货数量的平滑曲线图效果

从图 2-21 中可以看出，一周之内快递发货数量的平滑曲线图已经绘制完成。通过该平滑曲线图可以很直观地看出一周之内快递发货数量的变化趋势。

2.2 常见的饼图

饼图常用于展示数据的占比关系。通过饼图，用户可以直观地了解各项数据的具体占比，从而更好地理解数据。例如，可以使用饼图来展示某季度不同产品的销售额占比，或者展示某植物中每种化合物的组成比例等。常见的饼图包含基础饼图和南丁格尔图。本节将对常见饼图的绘制方法进行详细讲解。

任务 2.2.1 绘制基础饼图

 任 务 需 求

"春有百花秋有月，夏有凉风冬有雪。"小刘是一个经营着多家水果店的老板，他深知成功离不开"顺势而为"。近年来，他经常在季节交替时分析店铺内水果的销售情况，准确了解消费者的偏好，并进一步优化热门商品的供应和销售策略，以占据更大的市场份额。小刘希望绘制一张基础饼图来更好地展示店铺中夏季部分水果的销量占比情况。

某店铺夏季部分水果的销量如表 2-26 所示。

表 2-26 某店铺夏季部分水果的销量（单位：kg）

苹果	西瓜	葡萄	柚子
400	600	200	300

本任务需要基于某店铺夏季部分水果的销量绘制基础饼图。

 知 识 储 备

1. 初识基础饼图

基础饼图由多个扇形区域组成，每个扇形区域的面积与该数据所占比例成正比，从而形成一个类似"饼"的图形。

在 ECharts 中绘制基础饼图时，需要将系列中的 type 属性的值设置为 pie，示例代码如下。

```
series: [
  {
    type: 'pie'
  }
]
```

扫码看图

在上述示例代码中，type 属性值为 pie，表示该系列图表类型为基础饼图。

基础饼图的效果如图 2-22 所示。

从图 2-22 中可以看出，该店铺中打印纸的销量最好，笔记本的销量最差。

2. 饼图的半径

在 ECharts 中，当系列的 type 属性值被设置为 pie 并且设置了 radius 属性时，即可设置饼的半径。

图2-22 基础饼图的效果

radius 属性的示例代码如下。

```
series: [
  {
    type: 'pie',
    radius: '20%'
  }
]
```

radius 属性值可以为以下 3 种类型的数据。

● 数字：radius 属性值为数字类型的像素值，直接指定外半径值。

● 百分比字符串：例如'20%'，表示外半径为可视区域尺寸的 20%。当 radius 属性值为百分比字符串时，它是相对于容器宽度、容器高度中较短的一条边的。如果宽度大于高度，则百分比是相对于高度的。

● 数组：数组中的第一项表示内半径，第二项表示外半径。如果内半径为 0 且外半径不为 0，则对应的图表类型为基础饼图；如果内半径、外半径均不为 0，则对应的图表类型为圆环图（或称为环形图），圆环图为基础饼图的一种变形。

radius 属性值为数组的示例代码如下。

```
1 series: [
2   {
3     type: 'pie',
4     radius: ['40%', '70%']
5   }
6 ]
```

在上述示例代码中，第 4 行代码使用数组的形式来设置圆环图的半径，分别设置内半径为 40%、外半径为 70%。

3. 饼图的文本标签

当系列的 type 属性值为 pie，并且设置了 label 属性时，即可设置饼图的文本标签。label 属性的值为 label 对象，饼图中 label 对象的常用属性如表 2-27 所示。

表 2-27　饼图中 label 对象的常用属性

属性	说明
show	用于设置是否显示文本标签，默认值为 true，表示显示，设为 false 表示不显示
position	用于设置文本标签的位置，默认值为 outside，表示位于饼图扇区外侧。设为 inside 或 inner 表示位于饼图扇区内部；设为 center 表示位于饼图中心位置
formatter	用于设置图表文本标签内容的格式，允许用户自定义和格式化文本标签的内容

在表 2-27 中，show 属性和 position 属性的使用相对比较简单，这里不赘述。formatter 属性不仅可以用于饼图，还可以用于其他类型的图表。下面对 formatter 属性进行详细讲解。

formatter 属性常用于标题组件和提示框组件中悬浮框提示层信息的格式化、坐标轴刻度上面的刻度格式化等。例如，在当前数据项的值后面追加一个单位字符串、在每一个刻度值后面带上 kg 或 cm 等单位。格式化后的数据通常更容易被理解和阅读，能够使人更好地推断和分析数据的关系和趋势。

formatter 属性支持字符串模板和回调函数这两种形式。在字符串模板和回调函数返回的字符串中都可以使用\n 实现换行。需要注意的是，在 HTML 页面中，\n 并不会被解析为换行符号，需要使用 HTML 语法中的
标签才能实现 HTML 页面中的换行。下面对

formatter 属性的字符串模板和回调函数这两种形式分别进行讲解。

（1）formatter 属性的字符串模板形式

在字符串模板中可以使用模板变量来输出数据，常见的模板变量有{a}、{b}、{c}、{d}等。不同图表类型下的模板变量所代表的意义是不同的，具体含义如下。

- {a}：表示系列名或者区域名，取决于具体的图表类型。
- {b}：表示数据名或者数据项名，取决于具体的图表类型。
- {c}：表示数据值或者合并数据值，取决于具体的图表类型。
- {d}：在饼图、仪表盘和漏斗图中表示百分比，而在某些类型的图表中没有任何含义。

在饼图中，变量{a}表示系列名，{b}表示数据名，{c}表示数据值，而{d}则表示百分比。下面演示饼图中字符串模板的使用，示例代码如下。

```
formatter: '{b}: {d}'
```

在上述示例代码中，{b}代表数据名，{d}代表百分比。文本标签的格式为"数据名：百分比"。当有多个系列的数据时，可以通过索引的方式表示系列的索引字符串模板，示例代码如下。

```
formatter: '{b0}: {c0}<br>{b1}: {c1}'
```

在上述示例代码中，{b0}和{c0}分别对应第一个系列的数据名和数据值，{b1}和{c1}分别对应第二个系列的数据名和数据值。文本标签的格式为"数据名：数据值（换行）数据名：数据值"。如果图表中有更多的系列，可以使用对应的索引来区分每个系列。

（2）formatter 属性的回调函数形式

在数据格式复杂或者需要定制特殊展示效果的情况下可以使用回调函数。回调函数接收一些参数作为输入，并返回一个字符串来表示需要展示的内容。

下面演示饼图中回调函数的使用，通过回调函数展示每个扇形区域的名称，将名称以字符串反转的形式展示，示例代码如下。

```
formatter: function(params) {
var reversedName = params.name.split('').reverse().join('');
  return reversedName;
}
```

上述示例代码中，params.name 表示数据名。该回调函数的返回值会作为格式化后的文本标签内容来显示。

综上所述，如果使用简单的字符串模板就能够实现数据的展示效果，那么优先采用字符串模板。在大多数情况下，字符串模板比回调函数更加高效。只有在数据的展示效果需要进行特殊定制，或者需要进行一些复杂的计算时，才会使用回调函数。

 任 务 实 现

根据任务需求，基于某店铺夏季部分水果的销量绘制基础饼图，本任务的具体实现步骤如下。

① 创建 pie.html 文件，在该文件中创建基础 HTML5 文档结构并引入 echarts.js 文件。

② 定义一个指定了宽度和高度的父容器，具体代码如下。

```
1 <body>
2   <div id="main" style="width: 500px; height: 300px;"></div>
3 </body>
```

③ 在步骤②的第 2 行代码下方编写代码，初始化 ECharts 实例对象，准备配置项，并将配置项设置给 ECharts 实例对象，具体代码如下。

```
1  <script>
2    var myChart = echarts.init(document.getElementById('main'));
3    var option = {};
4    option && myChart.setOption(option);
5  </script>
```

④ 设置基础饼图的配置项和数据，具体代码如下。

```
1  var option = {
2    title: {
3      text: '某店铺夏季部分水果的销量'
4    },
5    legend: {
6      right: 0,
7      orient: 'vertical'
8    },
9    series: [
10     {
11       type: 'pie',
12       radius: 75,
13       data: [
14         { value: 400, name: '苹果' },
15         { value: 600, name: '西瓜' },
16         { value: 200, name: '葡萄' },
17         { value: 300, name: '柚子' }
18       ],
19       label: {
20         formatter: '{b} ({d}%)'
21       }
22     }
23   ]
24 };
```

在上述代码中，第 9～23 行代码通过 series 属性设置了一个系列，其中，第 11 行代码用于设置图表类型为基础饼图，第 12 行代码用于设置基础饼图的半径为 75 像素，第 13～18 行代码用于设置基础饼图的数据，通过 value 属性、name 属性分别定义水果的销量和水果的名称，第 19～21 行代码用于格式化基础饼图文本标签的内容。

保存上述代码，在浏览器中打开 pie.html 文件，某店铺夏季部分水果的销量的基础饼图效果如图 2-23 所示。

扫码看图

图2-23 某店铺夏季部分水果的销量的基础饼图效果

从图 2-23 中可以看出，某店铺夏季部分水果的销量的基础饼图已经绘制完成。通过该基础饼图可以很直观地看出该店铺夏季部分水果的销售占比情况，例如，该店铺夏季水果中西瓜销量最高，葡萄销量最低。

任务 2.2.2　绘制南丁格尔图

任 务 需 求

自我国实行"双减"政策以来，学生有了更多的空余时间追求自己的兴趣爱好，更有利于成为德、智、体、美、劳全面发展的新时代青年。陆老师希望绘制一张南丁格尔图来了解学生们的兴趣爱好占比情况，进而为学生们制定更合适的课外活动和兴趣培养方案，帮助学生们获得更好的发展。

校内部分学生的兴趣爱好如表 2-28 所示。

表 2-28　校内部分学生的兴趣爱好（单位：人）

爱好	人数	爱好	人数	爱好	人数
读书	200	下棋	120	陶艺	50
打篮球	90	绘画	80	剪纸	30
打羽毛球	145	摄影	69	旅行	112

本任务需要基于校内部分学生的兴趣爱好绘制南丁格尔图。

知 识 储 备

1. 初识南丁格尔图

南丁格尔图又称玫瑰图，南丁格尔图既可以使用扇形区域的面积来区分数据的大小，又可以使用不同扇形区域半径的长短来区分数据的大小。

使用扇形区域的面积和半径的长短来区分数据大小的南丁格尔图的效果，如图 2-24 所示。

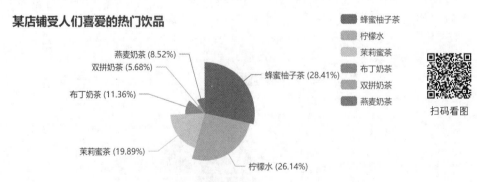

图2-24　南丁格尔图的效果（1）

仅使用不同扇形区域半径的长短来区分数据大小的南丁格尔图的效果，如图 2-25 所示。

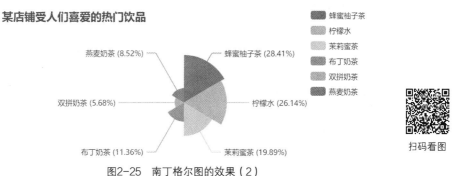

图2-25　南丁格尔图的效果（2）

扫码看图

2. 南丁格尔图的设置

在 ECharts 中，通过系列中的 roseType 属性可以设置图表类型为南丁格尔图，其他配置项和基础饼图的是相同的。

roseType 属性的值为布尔或者字符串类型的数据，下面分别进行讲解。

① roseType 属性的值为布尔类型的数据时，默认值为 false。若属性值为 true，则表示图表为南丁格尔图；若属性值为 false，则表示图表类型为基础饼图。

例如，使用 roseType 属性设置南丁格尔图的示例代码如下。

```
series: [
  {
    roseType: true,
  }
]
```

② roseType 属性的值为字符串类型的数据时，可选值如下。

● radius：通过扇形区域圆心角展现数据的百分比，半径展现数据的大小。设置该属性值后的效果参考图 2-24。当 roseType 属性值为 radius 时与 roseType 属性值为 true 时的效果相同。

● area：所有扇形区域圆心角相同，仅通过半径展现数据大小。设置该属性值后的效果参考图 2-25。

例如，使用 roseType 属性设置南丁格尔图的示例代码如下。

```
series: [
  {
    roseType: 'radius'
  }
]
```

任 务 实 现

根据任务需求，基于校内部分学生的兴趣爱好绘制南丁格尔图，本任务的具体实现步骤如下。

① 创建 rose.html 文件，在该文件中创建基础 HTML5 文档结构并引入 echarts.js 文件。

② 定义一个指定了宽度和高度的父容器，具体代码如下。

```
1  <body>
2    <div id="main" style="width: 700px; height: 300px;"></div>
3  </body>
```

③ 在步骤②的第 2 行代码下方编写代码，初始化 ECharts 实例对象，准备配置项，并将配置项设置给 ECharts 实例对象，具体代码如下。

```
1 <script>
2   var myChart = echarts.init(document.getElementById('main'));
3   var option = {};
4   option && myChart.setOption(option);
5 </script>
```

④ 设置南丁格尔图的配置项和数据，具体代码如下。

```
1 var option = {
2   title: {
3     text: '校内部分学生的兴趣爱好'
4   },
5   legend: {
6     top: 'bottom'
7   },
8   series: [
9     {
10      type: 'pie',
11      radius: 100,
12      roseType: 'radius',
13      data: [
14        { value: 200, name: '读书' },
15        { value: 90, name: '打篮球' },
16        { value: 145, name: '打羽毛球' },
17        { value: 120, name: '下棋' },
18        { value: 80, name: '绘画' },
19        { value: 69, name: '摄影' },
20        { value: 50, name: '陶艺' },
21        { value: 30, name: '剪纸' },
22        { value: 112, name: '旅行' }
23      ],
24      label: {
25        formatter: '{b} ({d}%)'
26      }
27    }
28  ]
29 };
```

在上述代码中，第 8~28 行代码通过 series 属性设置了一个系列，其中，第 10 行代码用于设置图表类型为基础饼图，第 11 行代码用于设置南丁格尔图的半径，表示南丁格尔图外半径为 100 像素，第 12 行代码用于设置 roseType 属性的值为 radius，表示将基础饼图展示为南丁格尔图，第 13~23 行代码用于设置南丁格尔图的数据，第 24~26 行代码用于格式化南丁格尔图的文本标签内容。

保存上述代码，在浏览器中打开 rose.html 文件，校内部分学生的兴趣爱好的南丁格尔图效果如图 2-26 所示。

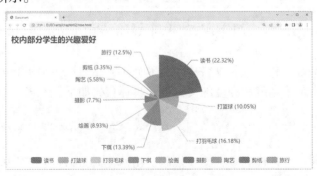

扫码看图

图2-26 校内部分学生的兴趣爱好的南丁格尔图效果

从图 2-26 中可以看出，校内部分学生的兴趣爱好的南丁格尔图已经绘制完成。通过该南丁格尔图可以很直观地看出校内部分学生兴趣爱好的占比情况，例如，在校内部分学生的兴趣爱好中，读书占比最高，剪纸占比最低。

本章小结

本章主要对折线图和饼图进行了详细讲解，并结合任务的形式演示折线图和饼图的绘制，同时对 ECharts 中的基础组件进行实践应用，包含坐标轴组件、系列组件、图例组件、网格组件、标题组件、提示框组件、工具栏组件、数据集组件等。通过对本章的学习，读者能够掌握折线图和饼图的基本使用，为后续学习打下坚实的基础。

课后习题

一、填空题

1. 在 ECharts 中，通过_____来设置直角坐标系中的 x 轴。
2. 饼图中提供了_____属性用于设置图表类型为南丁格尔图。
3. 饼图中提供了_____属性用于设置饼图的半径。
4. 折线图中提供了_____属性用于设置数据堆叠。
5. 折线图中提供了_____属性用于设置折线图区域填充样式。

二、判断题

1. 在 ECharts 中，通过 yAxis 属性来设置直角坐标系中的 y 轴。（   ）
2. 在 ECharts 中，图例可以通过 grid 属性来实现。（   ）
3. 在系列的 stack 属性值相同的情况下，如果系列的 type 属性值为 line，则会形成堆叠折线图。
4. 在 ECharts 中，网格组件用于在直角坐标系内显示网格。（   ）
5. 在 ECharts 中，可以通过修改 title 中的 textStyle 属性来设置副标题文本。（   ）

三、选择题

1. 下列选项中，关于 xAxis 对象常用属性的说法正确的是（   ）。
A. type 属性用于设置 x 轴的类型，默认值为 value
B. show 属性用于设置是否显示 x 轴
C. name 属性用于设置 x 轴名称的显示位置
D. boundaryGap 属性用于设置 x 轴的位置
2. 下列选项中，关于系列说法错误的是（   ）。
A. type 属性值为 line 时，表示图表类型为折线图
B. name 属性用于设置系列名称
C. step 属性用于设置图表是否为阶梯折线图
D. 对于每种可视化图表，系列的属性均相同
3. 下列选项中，关于 grid 的说法错误的是（   ）。
A. grid 属性用于设置直角坐标系内绘图网格的位置

B. borderColor 属性用于设置边框颜色

C. backgroundColor 属性用于设置网格组件的背景色，默认值为#ccc

D. borderWidth 属性用于设置边框线宽

4. 下列选项中，关于 tooltip 对象的说法错误的是（   ）。

A. show 属性用于设置是否显示提示框组件

B. 当 trigger 属性值为 axis 时，表示可以在折线图的坐标轴上触发提示框

C. axisPointer 对象的 type 属性用于设置指示器类型

D. 在 grid 中不能添加 tooltip 对象的相关属性

5. 下列选项中，关于工具栏组件的说法正确的是（   ）。

A. 工具栏组件用于设置图表的工具栏，通过 toolbox 属性来实现

B. toolbox 对象的 showTitle 属性的默认值为 false，即鼠标指针滑过时不显示每个工具 icon 的标题

C. toolbox 对象的 itemGap 属性用于设置工具栏 icon 的大小

D. toolbox 对象的 feature 属性用于设置各工具配置项，其值为数组类型的数据

四、简答题

请简述引入及配置 ECharts 的基本步骤。

五、操作题

体感温度是指人体所感受到的冷暖程度，转换成同等之温度，会受到气温、风速与相对湿度的综合影响。某日部分地区体感温度如表 2-29 所示。

表 2-29   某日部分地区体感温度（单位：摄氏度）

北京	上海	广州	深圳	哈尔滨	武汉
9	15	24	25	7	13

请根据表 2-29 中的数据，利用 ECharts 绘制一张平滑曲线图。

第3章

柱状图和散点图

学习目标

知识目标	• 掌握柱条背景样式的设置方法，能够设置柱条的背景色、背景描边色、背景描边类型等 • 掌握柱状图标线的使用方法，能够设置最大值标线、最小值标线、平均值标线等 • 熟悉柱条宽度和间距的设置方法，能够总结柱条宽度、最大宽度、最小宽度、间距的用法 • 掌握图形和标签高亮样式的设置方法 • 掌握柱条样式的设置方法，能够设置柱条的颜色、描边线宽、描边色、阴影、不透明度等 • 掌握柱状图文本标签的使用方法，能够设置文本标签的显示状态、位置等 • 掌握柱状图标注样式的设置方法，能够设置标注信息 • 掌握坐标轴组件中分隔线的使用方法，能够设置 x 轴、y 轴的分隔线 • 掌握坐标轴组件中不显示零刻度的设置，能够实现 x 轴、y 轴上零刻度的显示与隐藏 • 掌握涟漪动画的相关配置，能够设置涟漪动画的大小、颜色、周期等 • 掌握涟漪动画显示时机的设置，能够控制涟漪动画何时开始显示
技能目标	• 掌握常见柱状图的绘制，能够完成基础柱状图、堆叠柱状图、阶梯瀑布图和堆叠条形图的绘制 • 掌握常见散点图的绘制，能够完成基础散点图、带有涟漪动画的散点图、气泡图的绘制

通过对第 2 章的学习，大家应该已经掌握了绘制常见折线图和饼图的方法，以及 ECharts 中常用组件的基本使用。通过配置项的设置，可以实现所需折线图和饼图的效果。接下来，本章将讲解如何绘制常见的柱状图和散点图。

3.1 常见的柱状图

在数据可视化领域中，柱状图是一种常见的图表类型，常用于展示不同分类之间的数量关系。常见的柱状图包括基础柱状图，以及许多变种形式，包括堆叠柱状图、阶梯瀑布图、堆叠条形图等。这些图表类型在不同的应用场景下都具有独特的优点，能够更好地展示数据。本节将对常见柱状图的绘制方法进行讲解。

任务 3.1.1　绘制基础柱状图

小蔡是一家小超市的老板，售卖多种商品。他想以柱状图的形式查看某款洗发水在过去一年中每个月的销售情况，根据销量来决定以后的进货量，以便更好地管理库存。为此，他翻看了该款商品过去一年的销售数据，并将这些数据汇总在月销售情况报表中。

该款洗发水一年的销售情况如表 3-1 所示。

表 3-1　该款洗发水一年的销售情况（单位：瓶）

月份	销量	月份	销量
1 月	740	7 月	400
2 月	900	8 月	600
3 月	700	9 月	550
4 月	800	10 月	290
5 月	920	11 月	392
6 月	750	12 月	400

本任务需要基于某款洗发水一年的销售情况绘制基础柱状图。

1. 初识基础柱状图

基础柱状图是一种简单明了、易于理解的数据可视化图表。一般来说，基础柱状图通常由 x 轴（横轴）、y 轴（纵轴）和柱条（矩形）组成，用于展示分类数据的分布情况，它能够让用户直观地了解数据的规模、趋势和分布情况。

基础柱状图有纵向基础柱状图和横向基础柱状图这两种表现方式，其中，横向基础柱状图又称为条形图。纵向基础柱状图和横向基础柱状图的主要区别在于坐标轴的布局方式不同。下面将详细讲解纵向基础柱状图和横向基础柱状图的使用。

（1）纵向基础柱状图

在纵向基础柱状图中，x 轴一般为类目轴，代表不同的数据类型或分类；y 轴一般为数值轴，代表数据数量、大小或比例。一般来说，纵向基础柱状图的数据量不宜过多，否则会导致图表过于拥挤、难以阅读。

下面演示一个简单的纵向基础柱状图效果，如图 3-1 所示。

图 3-1 中，x 轴为类目轴，y 轴为数值轴，第 1 根柱条的长度代表香蕉的销量，第 2 根柱条的长度代表苹果的销量。

（2）横向基础柱状图

在横向基础柱状图中，x 轴一般为数值轴，代表数据数量、大小或比例；y 轴一般为类目轴，代表不同的数据类型或分类。

下面演示一个简单的横向基础柱状图效果，如图 3-2 所示。

图 3-2 中，x 轴为数值轴，y 轴为类目轴，从下往上数第 1 根柱条的长度代表香蕉的销

量，第 2 根柱条的长度代表苹果的销量。

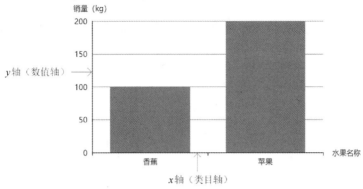

图3-1　纵向基础柱状图效果

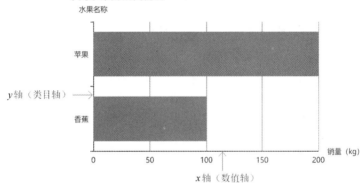

图3-2　横向基础柱状图效果

在 ECharts 中绘制基础柱状图时，需要将系列的 type 属性的值设置为 bar，示例代码如下。

```
series: [
  {
    type: 'bar'
  }
]
```

在上述示例代码中，type 属性值为 bar，表示该系列图表类型为基础柱状图。

2. 柱条的背景样式

通过系列的 backgroundStyle 属性可以设置柱条的背景样式。柱条的背景样式包括背景色、背景描边色、背景描边类型等。使用 backgroundStyle 属性时必须将 showBackground 属性的值设置为 true 才能生效，showBackground 属性用于设置是否显示柱条的背景色。

backgroundStyle 属性的值为 backgroundStyle 对象，该对象的设置方式如下。

```
series: [
  {
    type: 'bar',
    showBackground: true,
    backgroundStyle: {}
  }
]
```

backgroundStyle 对象的常用属性如表 3-2 所示。

表 3-2 backgoundStyle 对象的常用属性

属性	说明
color	用于设置柱条的背景色，支持使用 RGB、RGBA、十六进制颜色格式，也支持使用渐变色和纹理填充
borderColor	用于设置柱条的背景描边色，默认值为#000
borderWidth	用于设置柱条的背景描边宽度，默认不描边
borderType	用于设置柱条的背景描边类型，可选值有 solid（默认值）、dashed、dotted，分别表示实线、虚线、点线
borderRadius	用于设置柱条的背景圆角半径，支持以数组的方式分别指定 4 个圆角的半径，表示顺时针方向从左上角开始的左上、右上、右下、左下四个角的半径值
opacity	用于设置柱条的背景不透明度，取值范围为 0～1，为 0 时不绘制图形，默认值为 1
shadowBlur	用于设置柱条背景阴影的模糊大小
shadowColor	用于设置柱条背景阴影的颜色，支持的格式与 color 属性的相同
shadowOffsetX	用于设置柱条背景阴影水平方向上的偏移距离
shadowOffsetY	用于设置柱条背景阴影垂直方向上的偏移距离

表 3-2 中，通过 shadowBlur、shadowColor、shadowOffsetX 和 shadowOffsetY 这些属性可以设置柱条的背景阴影效果。

设置柱条背景样式的示例代码如下。

```
series: [
  {
    type: 'bar',
    showBackground: true,
    backgroundStyle: {
      color: 'rgba(180, 180, 180, 0.2)',
      borderColor: 'red',
      borderWidth: 4,
      borderType: 'solid',
      borderRadius: 10,
      opacity: 0.2,
      shadowBlur: 2,
      shadowColor: 'blue',
      shadowOffsetX: 4,
      shadowOffsetY: 3
    }
  }
]
```

上述示例代码在 backgroundStyle 对象中设置了柱条的一系列背景样式属性。

 任 务 实 现

根据任务需求，基于某款洗发水一年的销售情况绘制基础柱状图，本任务的具体实现步骤如下。

① 创建 D:\ECharts\chapter03 目录，并使用 VS Code 编辑器打开该目录。

② 放入 echarts.js 文件。

③ 创建 bar.html 文件，在该文件中创建基础 HTML5 文档结构并引入 echarts.js 文件。

④ 定义一个指定了宽度和高度的父容器，具体代码如下。

```
1  <body>
2    <div id="main" style="width: 800px; height: 500px;"></div>
3  </body>
```

⑤ 在步骤④的第 2 行代码下方编写代码，初始化 ECharts 实例对象，准备配置项，将配置项设置给 ECharts 实例对象，具体代码如下。

```
1  <script>
2    var myChart = echarts.init(document.getElementById('main'));
3    var option = {};
4    option && myChart.setOption(option);
5  </script>
```

⑥ 在步骤⑤的第 2 行代码下方编写代码，根据表 3-1 中的月份定义 x 轴的数据，具体代码如下。

```
var xDataArr = ['1月', '2月', '3月', '4月', '5月', '6月', '7月', '8月', '9月', '10
月', '11月', '12月'];
```

上述代码定义了一个数组变量 xDataArr，用于存放 x 轴的数据。

⑦ 在步骤⑥的代码下方编写代码，根据表 3-1 中的销量定义 y 轴的数据，具体代码如下。

```
var yDataArr = [740, 900, 700, 800, 920, 750, 400, 600, 550, 290, 392, 400];
```

上述代码定义了一个数组变量 yDataArr，用于存放 y 轴的数据。

⑧ 设置基础柱状图的配置项和数据，具体代码如下。

```
1  var option = {
2    title: {
3      text: '某款洗发水一年的销售情况'
4    },
5    xAxis: {
6      name: '月份',
7      type: 'category',
8      data: xDataArr
9    },
10   yAxis: {
11     name: '销量（瓶）',
12     type: 'value'
13   },
14   series: [
15     {
16       data: yDataArr,
17       type: 'bar',
18       showBackground: true,
19       backgroundStyle: {
20         color: 'rgba(170, 170, 170, 0.2)'
21       }
22     }
23   ]
24 };
```

在上述代码中，第 5~9 行代码用于设置 x 轴的名称为 "月份"，x 轴的类型为类目轴，x 轴的数据值为 xDataArr 中存放的数据；第 10~13 行代码用于设置 y 轴的名称为 "销量（瓶）"，y 轴的类型为数值轴，y 轴的数据值会自动加载第 16 行 yDataArr 中存放的数据；第 18~21 行代码用于设置柱条的背景色。

保存上述代码，在浏览器中打开 bar.html 文件，某款洗发水一年的销售情况的柱状图效果如图 3-3 所示。

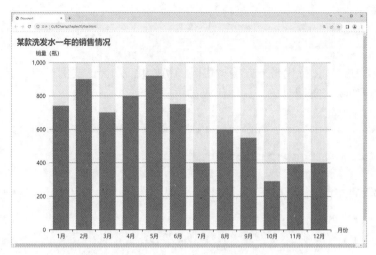

图3-3　某款洗发水一年的销售情况的柱状图效果

从图 3-3 中可以看出，某款洗发水一年的销售情况的柱状图已经绘制完成。通过该柱状图可以直观地看出各月份洗发水的销量，例如，该洗发水在 1～6 月的销量相对较高，而在 7～12 月的销量则相对较低。

任务 3.1.2　绘制堆叠柱状图

任 务 需 求

小明是互联网公司的运营总监，负责收集并统计某网站的访问量，他想以堆叠柱状图的形式查看该网站在直接访问、广告和搜索引擎这 3 种渠道下的访问量，以便制定后续的运营方案。因此，他整理了最近一周网站在这 3 种渠道下的访问量，近一周的网站访问量如表 3-3 所示。

表 3-3　近一周的网站访问量（单位：次）

星期	直接访问	广告			搜索引擎	
		邮件营销	联盟广告	视频广告	百度	搜狗
周一	320	120	220	150	620	242
周二	332	132	182	232	732	286
周三	301	101	191	201	701	263
周四	334	134	234	154	734	292
周五	390	90	290	190	1090	589
周六	330	230	330	330	1130	470
周日	320	210	310	410	1120	450

本任务需要基于近一周的网站访问量绘制堆叠柱状图。

知 识 储 备

1. 初识堆叠柱状图

在实际开发中，当需要展示不同系列数值的总和时，可以使用堆叠柱状图实现。堆叠柱状图沿着垂直方向绘制，柱条的高度表示数据的大小，每个数据系列的柱条在同一类别上按照堆叠方式排列，相邻系列的柱条被堆叠在一起。

在 ECharts 中，将系列的 type 属性的值设置为 bar 并为每个系列设置相同的 stack 属性值可以实现堆叠柱状图。这样，stack 属性相同的值会被堆叠在一根柱条上便于比较多个系列数据的变化趋势，同时避免错行或重叠的情况。

下面演示一个简单的堆叠柱状图效果，如图 3-4 所示。

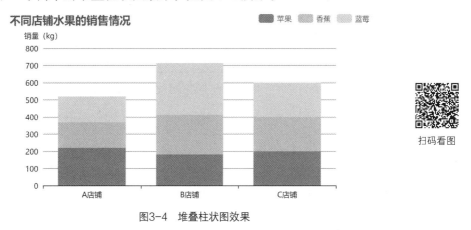

图3-4　堆叠柱状图效果

图 3-4 中，A 店铺、B 店铺、C 店铺的柱条高度表示对应店铺中苹果、香蕉和蓝莓的销量总和。

2. 柱状图的标线

ECharts 提供了在图表中任意位置添加标线的功能。例如，在 x 轴上添加平行于 x 轴的水平线，这些水平线可以是最大值标线、平均值标线、最小值标线等。通过标线可以帮助用户更好地比较和参照数据。

下面在柱状图中演示最大值标线、平均值标线、最小值标线的效果，如图 3-5 所示。

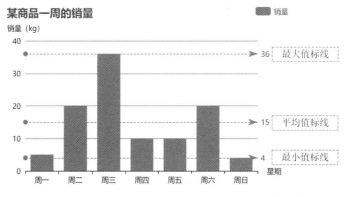

图3-5　最大值标线、平均值标线、最小值标线的效果

通过系列中的 markLine 属性可以设置标线的一系列样式，例如标线的文本标签、线条的样式等。markLine 属性的值为 markLine 对象，该对象的设置方式如下。

```
series: [
  {
    markLine: {}
  }
]
```

markLine 对象的常用属性如表 3-4 所示。

表 3-4 markLine 对象的常用属性

属性	说明
label	用于设置标线文本标签的样式
symbol	用于设置标线两端的标记图形的形状
symbolSize	用于设置标线两端的标记大小
lineStyle	用于设置标线的线条样式，包括线条的颜色、宽度、类型等
data	用于设置标线的数据

表 3-4 中，由于 symbolSize 属性的使用相对比较简单，这里不赘述。下面对 label、symbol、lineStyle 和 data 属性进行详细讲解。

（1）label 属性

通过 markLine 对象的 label 属性可以设置标线文本标签的样式。文本标签样式包括标签的位置、标签与标签的间距、标签文本的字体大小等。label 属性的值为 label 对象，柱状图中标线的 label 对象的常用属性如表 3-5 所示。

表 3-5 柱状图中标线的 label 对象的常用属性

属性	说明
show	用于设置是否显示标线的文本标签，默认值为 true，表示显示，设为 false 表示不显示
position	用于设置标线文本标签的位置，可选值有 end（默认值）、start、middle，分别表示位于线的结束点、线的起始点、线的中点
distance	用于设置标签与标线的间距。如果是数组，第 1 项为横向间距，第 2 项为纵向间距。如果是数字，则表示横向、纵向使用相同的间距
color	用于设置标线文字的颜色，默认值为#fff
fontSize	用于设置标线文字的字体大小
fontWeight	用于设置标线文字字体的粗细，可选值有 normal（默认值）、bold（粗体）、bolder（更加粗的字体）、lighter（更加细的字体），也可以设置为具体的数值

（2）symbol 属性

markLine 对象的 symbol 属性用于设置标记图形的形状，常见的可选值有 pin、circle、rect、roundRect、triangle、diamond、arrow、none 等，表示的形状分别为大头针形、圆形、矩形、圆角矩形、三角形、菱形、箭头形、无形状等。如果不想用这些形状，还可以直接使用图片的链接或者 dataURI 的方式将标记图形设置为图片。例如 "http://127.0.0.1/image.png" 或 "data:image/png;base64,……"。通过这种方式可以实现更为丰富的自定义标记图形。

（3）lineStyle 属性

markLine 对象的 lineStyle 属性用于设置标线的线条样式，如标线的颜色、宽度、类型等。lineStyle 属性的值为 lineStyle 对象，柱状图中标线的 lineStyle 对象的常用属性如表 3-6 所示。

表 3-6 柱状图中标线的 lineStyle 对象的常用属性

属性	说明
color	用于设置标线的颜色
width	用于设置标线的宽度
type	用于设置标线的类型，可选值有 solid（默认值）、dashed、dotted，分别表示实线、虚线、点线

属性	说明
cap	用于设置标线末端的绘制方式，可选值有 butt、round、square，分别表示线段末端以方形结束、线段末端以圆形结束、线段末端以方形结束（会增加一个宽度和线段宽度相同、高度是线段厚度一半的矩形区域）
opacity	用于设置标线的不透明度，默认值为 1，取值范围为[0, 1]，为 0 时不绘制该图形
curveness	用于设置标线的曲度，取值范围为[0, 1]，默认值为 0（直线），值越大曲度越大

（4）data 属性

markLine 对象的 data 属性用于设置标线的数据。data 属性值是一个数组，数组的每个元素可以是一个对象或一个数组，表示不同类型的标线。如果数组元素是一个对象，该对象表示一条标线并包含标线的属性设置。如果数组元素是一个数组，该数组中必须包含两个对象，第 1 个对象代表标线的起点，第 2 个对象代表标线的终点。每个对象都可以指定标线的位置和样式等属性。

当 data 属性值为一个数组，且数组中的每个元素为一个对象时，语法格式如下。

```
data: [
  { type: '可选值', name: '标线名称' }
]
```

在上述语法格式中，type 表示标线的类型，可选值有 min、max、average 等，分别表示最小值、最大值、平均值，name 表示标线的名称。

当 data 属性值为一个数组，且数组中的每个元素为一个数组时，语法格式如下。

```
data: [
  [{ type: '可选值', name: '标线名称' }, { type: '可选值', name: '标线名称' }]
]
```

在上述语法格式中，数组中的第 1 个对象指定了标线的起点，第 2 个对象指定了标线的终点。

设置柱状图标线样式的示例代码如下。

```
1  series: [
2    {
3      markLine: {
4        label:{
5          poisition: 'middle',
6          color: 'red'
7        },
8        symbol: 'circle',
9        lineStyle: {
10          type: 'dashed'
11        },
12        data: [[{ type: 'min' }, { type: 'max' }]]
13      }
14    }
15  ]
```

在上述示例代码中，第 4~7 行代码设置标线的位置位于线的中点，文字的颜色为 red；第 8 行代码设置标记图形的形状为圆形；第 9~11 行代码设置标线的类型为虚线；第 12 行代码使用 type 属性标注当前系列中的最小值和最大值。

3. 柱条的宽度

在 ECharts 中，通过 barWidth 属性可以设置柱条的宽度。barWidth 属性的值可以是一个数字或一个字符串，当 barWidth 属性的值为数字时，该值表示像素值；当 barWidth 属性的值为字符串时，该字符串需要包含单位，例如 20%、40px 等。

使用 barWidth 属性设置柱条宽度的示例代码如下。

```
series: [
  {
    type: 'bar',
    data: [10, 20, 30, 40, 50],
    barWidth: 20
  }
]
```

上述示例代码将 barWidth 属性值设置为 20，这将使所有柱条的宽度都相同，都为 20 像素。

除此之外，还可以使用 barMaxWidth 属性和 barMinWidth 属性调整柱条的最大和最小宽度，并且这两个属性的优先级高于 barWidth 属性的。对于一些数据很小的情况，可以通过 barMinHeight 属性为柱条指定最小高度，当某个数据的值所对应的柱条高度小于 barMinHeight 属性的值时，该柱条的高度将会变为最小高度。

4. 柱条的间距

在柱状图中通常需要设置柱条与柱条的间距，以提高数据的可读性。柱条间距可以通过 barGap 属性和 barCategoryGap 属性设置。其中，barGap 属性用于设置不同系列在同一类目下的距离，取百分比字符串值，如 20%；barCategoryGap 属性用于设置不同类目的距离，默认为类目间距的 20%，也可设置为具体的像素值或百分比字符串值。

设置柱条间距的示例代码如下。

```
series: [
  {
    type: 'bar',
    data: [10, 20, 30, 40 ,50],
    barGap: '20%',
    barCategoryGap: '40%'
  }
]
```

上述示例代码设置 barGap 属性的值为 20%，设置 barCategoryGap 属性的值为 40%。

需要注意的是，在设置了 barGap 属性和 barCategoryGap 属性之后，可以省略 barWidth 属性的设置，省略后，柱条的宽度将自动调整。如有必要，可以通过 barMaxWidth 属性设置柱条最大宽度，从而在图表宽度较大时，防止柱条过宽。

5. 图形和标签高亮样式

当鼠标指针移入图形元素时，图形和标签通常会具有高亮显示的样式效果。默认情况下，高亮显示的样式效果是基于普通样式自动生成的，若想要自定义高亮样式，则可以通过系列中的 emphasis 属性手动设置，如改变颜色、增加阴影等。

emphasis 属性的值为 emphasis 对象，该对象的设置方式如下。

```
series: [
  {
    emphasis: {}
  }
]
```

emphasis 对象的常用属性如表 3-7 所示。

表 3-7 emphasis 对象的常用属性

属性	说明
disabled	用于设置是否关闭高亮状态，默认值为 false，表示不关闭高亮状态
focus	用于设置在高亮显示图形时，是否淡出其他数据的图形以达到聚焦的效果
blurScope	用于在开启 focus 的时候，配置淡出的范围
label	用于设置柱条上的文本标签，可说明柱条的一些数据信息，如值、名称等，label 属性默认值为 false，表示不显示文本标签

表 3-7 中，由于 disabled 属性和 label 属性的使用相对比较简单，这里就不赘述了。下面对 focus 属性和 blurScope 属性的常用可选值进行说明。

focus 属性的常用可选值如下。

- none：表示不淡出其他图形的高亮显示，为默认值。
- self：表示当鼠标指针移入数据项时，只有当前数据项所在系列的图形会高亮显示。
- series：表示当鼠标指针移入数据系列时，该系列中所有数据项的图形都会高亮显示。

blurScope 属性的常用可选值如下。

- coordinateSystem：表示淡出范围为当前坐标系，为默认值。
- series：表示淡出范围为系列。
- global：表示淡出范围为全局。

 任 务 实 现

根据任务需求，基于近一周的网站访问量绘制堆叠柱状图，本任务的具体实现步骤如下。

① 创建 stackedBar.html 文件，在该文件中创建基础 HTML5 文档结构并引入 echarts.js 文件。

② 定义一个指定了宽度和高度的父容器，具体代码如下。

```
1  <body>
2    <div id="main" style="width: 800px; height: 500px;"></div>
3  </body>
```

③ 在步骤②的第 2 行代码下方编写代码，初始化 ECharts 实例对象，准备配置项，将配置项设置给 ECharts 实例对象，具体代码如下。

```
1  <script>
2    var myChart = echarts.init(document.getElementById('main'));
3    var option = {};
4    option && myChart.setOption(option);
5  </script>
```

④ 在步骤③的第 2 行代码下方编写代码，根据表 3-3 中的星期定义 x 轴的数据，具体代码如下。

```
var xDataArr = ['周一', '周二', '周三', '周四', '周五', '周六', '周日'];
```

⑤ 设置堆叠柱状图的配置项和数据，具体代码如下。

```
1  var option = {
2    title: {
3      text: '近一周的网站访问量'
4    },
5    xAxis: {
6      name: '星期',
7      type: 'category',
```

```
8        data: xDataArr
9      },
10   yAxis: {
11      name: '播放量（次）',
12      type: 'value'
13   },
14   legend: {
15      bottom: 5
16   },
17   series: [
18      {
19        name: '直接访问',
20        type: 'bar',
21        data: [320, 332, 301, 334, 390, 330, 320],
22        emphasis: {
23          focus: 'series',
24          label: {
25            show: true
26          }
27        }
28      },
29      {
30        name: '邮件营销',
31        type: 'bar',
32        stack: 'ad',
33        data: [120, 132, 101, 134, 90, 230, 210],
34        barGap: '30%',
35        emphasis: {
36          focus: 'series'
37        },
38      },
39      {
40        name: '联盟广告',
41        type: 'bar',
42        stack: 'ad',
43        data: [220, 182, 191, 234, 290, 330, 310],
44        emphasis: {
45          focus: 'series'
46        },
47      },
48      {
49        name: '视频广告',
50        type: 'bar',
51        stack: 'ad',
52        data: [150, 232, 201, 154, 190, 330, 410],
53        emphasis: {
54          focus: 'series'
55        },
56      },
57      {
58        name: '搜索引擎',
59        type: 'bar',
60        data: [862, 1018, 964, 1026, 1679, 1600, 1570],
61        emphasis: {
62          focus: 'series'
63        },
64        markLine: {
65          label:{
```

```
66              position: 'middle',
67              color: 'red'
68            },
69          lineStyle: {
70            type: 'dashed'
71          },
72          data: [[{ type: 'min' }, { type: 'max' }]]
73        }
74      },
75      {
76        name: '百度',
77        type: 'bar',
78        barWidth: 5,
79        stack: 'searchEngines',
80        data: [620, 732, 701, 734, 1090, 1130, 1120],
81        emphasis: {
82          focus: 'series'
83        },
84      },
85      {
86        name: '搜狗',
87        type: 'bar',
88        stack: 'searchEngines',
89        data: [242, 286, 263, 292, 589, 470, 450],
90        emphasis: {
91          focus: 'series'
92        }
93      }
94    ]
95 };
```

在上述代码中，第 18～93 行代码用于设置图表的数据，其中各部分代码的解释如下。

第 18～28 行代码用于设置直接访问系列的相关配置，当鼠标指针移入周一所在直接访问系列的柱条时，为该系列中所有数据项的图形添加高亮效果，并显示当前柱条所对应的数据。

第 29～38 行代码、第 39～47 行代码、第 48～56 行代码分别设置邮件营销系列、联盟广告系列、视频广告系列的相关配置。这 3 个系列中 stack 属性的值都为 ad，表示堆叠展示。

第 57～74 行代码设置搜索引擎系列的相关配置，使用 markLine 属性设置了标线，其中文本的位置为线的中点，颜色为 red，标线为虚线且显示标线的最小值和最大值。

第 75～84 行代码、第 85～93 行代码分别设置百度系列、搜狗系列的相关配置。这两个系列中 stack 属性的值都为 searchEngines，表示堆叠展示。

保存上述代码，在浏览器中打开 stackedBar.html 文件，近一周的网站访问量的堆叠柱状图效果如图 3-6 所示。

从图 3-6 中可以看出，近一周的网站访问量的堆叠柱状图已经绘制完成。该堆叠柱状图中每天的数据使用 4 根柱条进行显示。其中，第 2 根柱条是由邮件营销、联盟广告和视频广告 3 种不同类型广告的数据堆叠而成的，第 2 根柱条的长度代表这 3 种不同广告的数据总和。第 4 根柱条也是堆叠的，由百度和搜狗两种不同类型搜索引擎的数据组成。第 3 根柱条表示第 4 根柱条中两种搜索引擎的数据总和。该图中还使用了标线来标记搜索引擎数据的最低点指向最高点。

当鼠标指针移入周一所在直接访问系列的柱条时，高亮效果如图 3-7 所示。

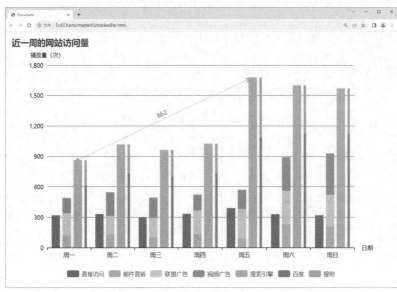

扫码看图

图3-6　近一周的网站访问量的堆叠柱状图效果

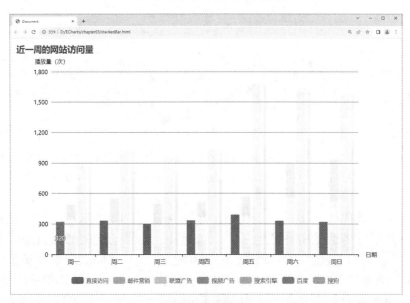

扫码看图

图3-7　高亮效果

从图 3-7 中可以看出，当鼠标指针移入周一所在直接访问系列的柱条时，该系列中所有数据项的图形都高亮显示，并显示当前柱条所对应的数据为 320。

任务 3.1.3　绘制阶梯瀑布图

任 务 需 求

勤俭节约是一种值得每个人都践行的美德。在日常生活中，勤俭节约精神不仅能够帮助我们实现个人的财务稳定，还能够推动整个社会的可持续发展。

小浩为了评估自己的每月支出是否合理，他整理了上个月必须支出的基本开销，作为分析的示例。小浩希望通过阶梯瀑布图的形式呈现上个月基本开销的具体情况，以更加直观和清晰地显示数据，上个月基本开销如表 3-8 所示。

表 3-8　上个月基本开销（单位：元）

日用品费	伙食费	交通费	水电费	房租
300	1100	200	300	900

本任务需要基于上个月基本开销绘制阶梯瀑布图。

知 识 储 备

1. 初识阶梯瀑布图

阶梯瀑布图主要用于展示数据中各个数值之间的逐级变化情况。在 ECharts 中，没有单独的阶梯瀑布图，但可以使用堆叠柱状图来模拟该效果。具体的做法是将每根柱子的堆叠部分的颜色和边框设置为透明，这样就可以在视觉上形成阶梯瀑布图的效果。

下面演示一个简单的用堆叠柱状图模拟的阶梯瀑布图效果，如图 3-8 所示。

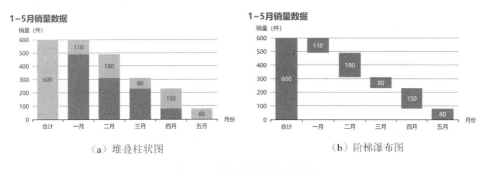

（a）堆叠柱状图　　　　　　　　　（b）阶梯瀑布图

图3-8　模拟的阶梯瀑布图效果

需要注意的是，在阶梯瀑布图中，堆叠部分的数值为前一个元素的堆叠部分数值减去当前元素的实际值。

假设月消费的总费用由支出 1、支出 2、支出 3、支出 4、支出 5 组成，对应的数据如下。

```
var data = [600, 110, 180, 80, 150, 80];
```

在上述数据中，数组中的第一个元素为总费用 600，其余的元素分别对应支出 1～支出 5。

根据以上数据计算堆叠部分的数值时，第一根柱条的堆叠部分数值固定为 0；第二根柱条的堆叠部分数值为"总费用-支出 1"的值，即 600-110，结果为 490；第三根柱条的堆叠部分数值为"第二根柱条的堆叠部分数值-支出 2"的值，即 490-180，结果为 310。以此类推。堆叠部分数值的计算结果如下。

```
var data = [0, 490, 310, 230, 80, 0];
```

在上述数据中，数组中的元素分别表示总费用、支出 1～支出 5 对应柱条的堆叠部分数值。

2. 柱条的样式

通过 itemStyle 属性可以设置柱条的样式，例如柱条的颜色、描边线宽、描边色、阴影、不透明度等。

itemStyle 属性的值为 itemStyle 对象，该对象的设置方式如下。

```
series: [
  {
    itemStyle: {}
  }
]
```

itemStyle 对象的常用属性如表 3-9 所示。

表 3-9　itemStyle 对象的常用属性

属性	说明
color	用于设置柱条的颜色
boderColor	用于设置柱条的描边色，默认值为#000
borderWidth	用于设置柱条的描边线宽，默认不描边
borderType	用于设置柱条的描边类型，可选值有 solid（默认值）、dashed、dotted，分别表示实线、虚线、点线
borderRadius	用于设置柱条圆角的半径
opacity	用于设置柱条的不透明度，支持 0~1 的数字，为 0 时不绘制该图形
shadowBlur	用于设置图形阴影的模糊大小
shadowColor	用于设置阴影的颜色
shadowOffsetX	用于设置阴影水平方向上的偏移距离
shadowOffsetY	用于设置阴影垂直方向上的偏移距离

表 3-9 中，color、borderType、borderRadius、shadowBlur 属性的用法同表 3-2 中对应属性的用法，在这里不一一进行赘述。

设置柱条样式的示例代码如下。

```
series: [
  {
    type: 'bar',
    itemStyle: {
      color: 'rgba(180, 180, 180, 0.2)',
      borderColor: 'red',
      borderWidth: 4,
      borderType: 'solid',
      borderRadius: 10,
      opacity: 0.2,
      shadowBlur: 2,
      shadowColor: 'blue',
      shadowOffsetX: 4,
      shadowOffsetY: 3
    }
  }
]
```

上述示例代码在 itemStyle 对象中设置了柱条的一系列样式。

3. 柱状图的文本标签

为了让用户更直观地了解柱状图中每根柱条的具体数值，从而方便进行比较和分析，可以通过设置 label 属性，给柱条添加文本标签，显示柱条对应的数据值。

label 属性的值为 label 对象，柱状图中 label 对象的常用属性如表 3-10 所示。

表 3-10　柱状图中 label 对象的常用属性

属性	说明
show	用于设置是否显示柱条的文本标签，默认值为 false，表示不显示，设为 true 表示显示
position	用于设置柱条的文本标签的位置
distance	用于设置柱条的文本标签与柱条的距离
rotate	用于设置柱条的文本标签旋转的角度，取值范围为−90°到 90°，正值表示逆时针旋转
formatter	用于设置柱条的文本标签内容格式器

表 3-10 中，show 属性、distance 属性和 rotate 属性的使用比较简单；formatter 属性在任务 2.2.1 中讲过，此处用法相同，不赘述。下面对 position 属性进行详细讲解。

position 属性用于设置文本标签的位置，常用的可选值如下。

- top：用于设置文本标签位于柱条上方。
- bottom：用于设置文本标签位于柱条下方。
- inside：用于设置文本标签位于柱条内部，为默认值。
- insideTop：用于设置文本标签位于柱条顶部。
- insideBottom：用于设置文本标签位于柱条底部。
- insideLeft：用于设置文本标签位于柱条左侧。
- insideRight：用于设置文本标签位于柱条右侧。
- insideTopLeft：用于设置文本标签位于柱条顶部左侧。
- insideTopRight：用于设置文本标签位于柱条顶部右侧。
- insideBottomLeft：用于设置文本标签位于柱条底部左侧。
- insideBottomRight：用于设置文本标签位于柱条底部右侧。

除此之外，position 属性的值还可以是一个数组，数组中的元素可以是百分比字符串或像素值，用于表示一个具体位置，示例代码如下。

```
// 百分比字符串
position: ['50%', '50%'],
// 像素值
position: [10, 10],
```

在上述示例代码中，当 position 属性的值为['50%', '50%']时，表示文本标签的位置在图形区域的中心，第 1 个元素'50%'表示文本标签在 x 轴方向上偏移图形区域宽度的一半，第 2 个元素'50%'表示文本标签在 y 轴方向上偏移图形区域高度的一半。例如，对于一个 400 像素×400 像素的图形，position: ['50%', '50%']表示文本标签在 x 轴和 y 轴方向上分别偏移 200 像素，即处于图形区域的中心位置处。当 position 属性的值为[10, 10]时，表示文本标签位于坐标系中的(10, 10)点。其中，x 轴的坐标值为 10，y 轴的坐标值为 10。

　　　　　　　　　　　　任 务 实 现

根据任务需求，基于上个月基本开销绘制阶梯瀑布图，本任务的具体实现步骤如下。

① 创建 waterfallBar.html 文件，在该文件中创建基础 HTML5 文档结构并引入 echarts.js 文件。

② 定义一个指定了宽度和高度的父容器，具体代码如下。

```
1  <body>
2    <div id="main" style="width: 500px; height: 300px;"></div>
3  </body>
```

③ 在步骤②的第 2 行代码下方编写代码，初始化 ECharts 实例对象，准备配置项，将配置项设置给 ECharts 实例对象，具体代码如下。

```
1  <script>
2    var myChart = echarts.init(document.getElementById('main'));
3    var option = {};
4    option && myChart.setOption(option);
5  </script>
```

④ 设置阶梯瀑布图的配置项和数据，具体代码如下。

```
1  var option = {
2    title: {
3      text: '上个月基本开销'
4    },
5    tooltip: {
6      trigger: 'axis',
7      axisPointer: {
8        type: 'shadow'
9      },
10     formatter: function(params) {
11       var tar = params[1];
12       console.log(params)
13       return tar.name + '<br>' + tar.seriesName + ' : ' + tar.value;
14     }
15   },
16   xAxis: {
17     name: '支出项',
18     type: 'category',
19     data: ['总费用', '日用品费', '伙食费', '交通费', '水电费', '房租']
20   },
21   yAxis: {
22     name: '金额（元）',
23     type: 'value'
24   },
25   series: [
26     {
27       name: '辅助',
28       type: 'bar',
29       stack: '总量',
30       itemStyle: {
31         borderColor: 'transparent',
32         color: 'transparent',
33       },
34       emphasis: {
35         itemStyle: {
36           borderColor: 'transparent',
37           color: 'transparent'
38         }
39       },
40       data: [0, 2500, 1400, 1200, 900, 0]
41     },
42     {
43       name: '生活费',
44       type: 'bar',
45       stack: '总量',
46       label: {
47         show: true,
48         position: 'inside'
49       },
50       data: [2800, 300, 1100, 200, 300, 900]
51     }
```

```
52  ]
53 };
```

在上述代码中，第 5～15 行代码用于设置提示框组件的触发类型为 axis，指示器类型为阴影指示器，格式化悬浮框提示层信息；第 25～52 行代码设置了"辅助"和"生活费"两个系列对象，其中 stack 属性的值被设置为"总量"，表示该系列数据被堆叠在一起。在 itemStyle 对象中设置了柱条堆叠部分的颜色和堆叠部分边框的颜色为透明，在 emphasis 对象中设置了柱条堆叠部分在高亮时的颜色和描边色为透明；在 label 中设置了文本标签为显示状态且位置为内部中央。

保存上述代码，在浏览器中打开 waterfallBar.html 文件，上个月基本开销的阶梯瀑布图效果如图 3-9 所示。

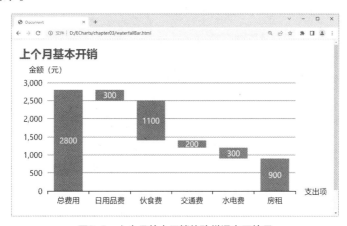

图3-9　上个月基本开销的阶梯瀑布图效果

从图 3-9 中可以看出，上个月基本开销的阶梯瀑布图已经绘制完成。通过该阶梯瀑布图可以直观地看出每项支出的金额，例如，当月支出项中伙食费最多，而交通费最少。

任务 3.1.4　绘制堆叠条形图

 任 务 需 求

从 1 月份开始，某化妆品公司在六大商场铺设了 6 款热销产品的专柜，并加大了优惠促销的力度。活动结束后，由专员统计了 6 款产品在各大商场的销量，并将不同产品在不同商场的销量情况整理成表格。为了更好地呈现数据，公司想以堆叠条形图的形式展示不同产品在不同商场的销量，不同产品在不同商场的销量如表 3-11 所示。

表 3-11　不同产品在不同商场的销量（单位：件）

商场	产品 1	产品 2	产品 3	产品 4	产品 5	产品 6
A 商场	320	302	301	334	330	490
B 商场	320	332	320	334	330	480
C 商场	220	182	191	234	330	290
D 商场	150	212	201	154	330	190
E 商场	420	300	400	290	310	280
F 商场	180	310	250	490	243	298

本任务需要基于不同产品在不同商场的销量绘制堆叠条形图。

 知 识 储 备

1. 初识堆叠条形图

堆叠条形图通常用于比较不同数据系列在同一类别上的占比和总量。堆叠条形图沿着水平方向绘制，柱条的长度表示数据的大小，每个数据系列的柱条在同一类别上按照堆叠方式排列，相邻系列的柱条堆叠在一起。

与堆叠柱状图的绘制方式类似，将系列的 type 属性的值设置为 bar 并为每个系列设置相同的 stack 属性值可以实现堆叠条形图。

下面演示一个简单的堆叠条形图效果，如图 3-10 所示。

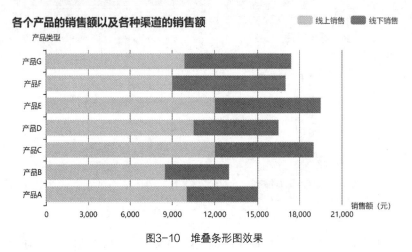

图3-10 堆叠条形图效果

图 3-10 中，由上到下各根柱条依次表示产品 G、产品 F、产品 E、产品 D、产品 C、产品 B 和产品 A 的销售额，并且对线上销售和线下销售进行了区分。

2. 柱状图的标注样式

为了吸引用户的注意力，可以在图表中添加标注信息。在系列中通过 markPoint 属性可以设置图表的标注样式，如标注的类型、大小、旋转角度、文本和样式等。

markPoint 属性的值为 markPoint 对象，该对象的设置方式如下。

```
series: [
  {
    markPoint: {}
  }
]
```

markPoint 对象的常用属性如表 3-12 所示。

表 3-12 markPoint 对象的常用属性

属性	说明
symbol	用于设置标注的图形，默认值为 pin，表示大头针形
symbolSize	用于设置标注的大小，默认值为 50
symbolRotate	用于设置标注的旋转角度，正值表示逆时针旋转
label	用于设置标注的文本

属性	说明
itemStyle	用于设置标注的样式
emphasis	用于设置标注高亮状态的配置
blur	用于设置标注的淡出样式
data	用于设置标注的数据数组

表 3-12 中，data 属性的用法与表 3-4 中 data 属性的用法相同；itemStyle 属性的值为 itemStyle 对象，它的用法参见表 3-9；emphasis 属性的值为 emphasis 对象，它的用法参见表 3-7；symbol 属性的用法与 markLine 对象中 symbol 属性的用法相同。

任 务 实 现

根据任务需求，基于不同产品在不同商场的销量绘制堆叠条形图，本任务的具体实现步骤如下。

① 创建 stackedStrip.html 文件，在该文件中创建基础 HTML5 文档结构并引入 echarts.js 文件。

② 定义一个指定了宽度和高度的父容器，具体代码如下。

```
1  <body>
2    <div id="main" style="width: 700px; height: 300px;"></div>
3  </body>
```

③ 在步骤②的第 2 行代码下方编写代码，初始化 ECharts 实例对象，准备配置项，将配置项设置给 ECharts 实例对象，具体代码如下。

```
1  <script>
2    var myChart = echarts.init(document.getElementById('main'));
3    var option = {};
4    option && myChart.setOption(option);
5  </script>
```

④ 设置堆叠条形图的标题、提示框、图例、坐标轴，具体代码如下。

```
1  var option = {
2    title: {
3      text: '不同产品在不同商场的销量'
4    },
5    tooltip: {
6      trigger: 'axis',
7      axisPointer: {
8        type: 'shadow'
9      }
10   },
11   legend: {
12     bottom: 10
13   },
14   xAxis: {
15     name: '销量（件）',
16     type: 'value'
17   },
18   yAxis: {
19     name: '产品类型',
20     type: 'category',
```

```
21      data: ['产品 1', '产品 2', '产品 3', '产品 4', '产品 5', '产品 6']
22   },
23   series: [
24      // 在下一步中实现
25   ]
26 };
```

在上述代码中，第 2~4 行代码用于设置标题；第 5~10 行代码用于设置提示框；第 11~13 行代码用于设置图例；第 14~17 行代码用于设置 x 轴；第 18~22 行代码用于设置 y 轴；第 23~25 行代码用于设置图表的数据。

⑤ 在步骤④的第 24 行代码处编写代码，设置图表的数据，具体代码如下。

```
1  {
2    name: 'A 商场',
3    type: 'bar',
4    stack: 'total',
5    label: {
6      show: true
7    },
8    emphasis: {
9      focus: 'series'
10   },
11   data: [320, 302, 301, 334, 330, 490],
12   markPoint: {
13     data: [
14       { type: 'max', name: 'max'},
15       { type: 'min', name: 'min' }
16     ]
17   }
18 },
19 {
20   name: 'B 商场',
21   type: 'bar',
22   stack: 'total',
23   label: {
24     show: true
25   },
26   emphasis: {
27     focus: 'series'
28   },
29   data: [320, 332, 320, 334, 330, 480,]
30 },
31 {
32   name: 'C 商场',
33   type: 'bar',
34   stack: 'total',
35   label: {
36     show: true
37   },
38   emphasis: {
39     focus: 'series'
40   },
41   data: [220, 182, 191, 234, 330, 290]
42 },
43 {
44   name: 'D 商场',
45   type: 'bar',
46   stack: 'total',
```

```
47    label: {
48      show: true
49    },
50    emphasis: {
51      focus: 'series'
52    },
53    data: [150, 212, 201, 154, 330, 190]
54  },
55  {
56    name: 'E 商场',
57    type: 'bar',
58    stack: 'total',
59    label: {
60      show: true
61    },
62    emphasis: {
63      focus: 'series'
64    },
65    data: [420, 300, 400, 290, 310, 280]
66  },
67  {
68    name: 'F 商场',
69    type: 'bar',
70    stack: 'total',
71    label: {
72      show: true
73    },
74    emphasis: {
75      focus: 'series'
76    },
77    data: [180, 310, 250, 490, 243, 298]
78 }
```

在上述代码中，每个数组项都设置 stack 属性的值为 total，用于堆叠显示；都设置 label 属性值为 true，表示标签为显示状态；data 数组中的数据依次对应产品 1～产品 6 的销量。并为 A 商场设置标注，标注最大值和最小值，标注的图形为大头针形。

保存上述代码，在浏览器中打开 stackedStrip.html 文件，不同产品在不同商场的销量的堆叠条形图效果如图 3-11 所示。

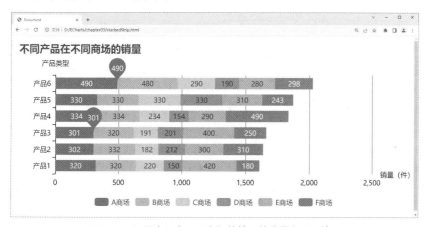

图3-11　不同产品在不同商场的销量的堆叠条形图效果

扫码看图

从图 3-11 中可以看出，不同产品在不同商场的销量的堆叠条形图已经绘制完成。通过该堆叠条形图可以直观地看出各个产品在各个商场的销量。

3.2　常见的散点图

散点图是常用的图表之一，主要用于展示两个元素的相关性和分布情况。散点图由 x 轴（横轴）、y 轴（纵轴）和散点（坐标点）组成，利用散点的分布形态反映两个元素的相关性和时间推移下的发展趋势，因此需要每个散点至少有横坐标和纵坐标两个数值。散点图适用于发现元素的关系和规律，不适用于表达信息的场景。本节将对常见散点图的绘制方法进行详细讲解。

任务 3.2.1　绘制基础散点图

 任 务 需 求

健身对我们的身体健康非常重要。长时间坐着和缺乏运动会导致身体状况下降，容易引发各种健康问题。而通过健身，可以增强肌肉力量，提高心肺功能，增强免疫力，降低患病风险。适度健身，不仅能够让我们精力充沛地面对学习和生活，还能够帮助我们培养健康的生活习惯，以及预防一些慢性病。

为了更好地制订合适的健身计划，某健身房进行了一项调查活动，该调查活动需要收集、分析顾客的身高和体重数据，以了解他们的身体健康状况和相关信息。将数据收集完成后，为了更加直观地呈现数据，健身房想要以基础散点图的形式展示身高和体重数据。

身高和体重数据如表 3-13 所示。

表 3-13　身高和体重数据

身高（cm）	体重（kg）	身高（cm）	体重（kg）
152	50.5	173.5	63.2
160	52.3	174	72.2
165	54	174	65.6
168	55	175.5	64
168	60	176	65
169.5	60.8	178	73.5
170	62	180	70
172.6	60	184	75.5
172.5	62	182	72
173	64.4	188	77

本任务需要基于身高和体重数据绘制基础散点图。

 知 识 储 备

1. 初识基础散点图

基础散点图是一种通过在二维坐标系中将每个点表示为一个数据系列来展示数据的图表类型。散点图上数据点的分布情况，可以反映出变量间的相关性。如果变量之间不存在相互关系，散点图上就会呈现出随机分布的离散的点；如果存在某种相关性，那么大部分数据点就会相对密集并以某种趋势呈现。

相关性强度示意如图 3-12 所示。

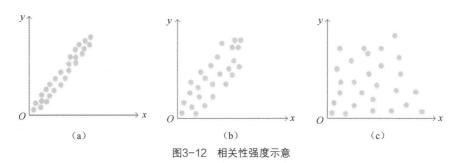

图3-12　相关性强度示意

图 3-12（a）中数据点相对密集并以
上升趋势呈现，相关性较强；图 3-12（b）
中数据点相对疏散，但整体以上升趋势呈
现，相关性较弱；图 3-12（c）中的数据
点随机分布，没有规律，不存在相关性。

数据的相关关系主要分为正相关、负
相关、不相关、线性相关、指数相关、U
形相关等，如图 3-13 所示。

在 ECharts 中绘制基础散点图时，
需要将系列的 type 属性的值设置为
scatter，示例代码如下。

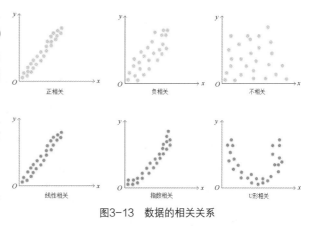

图3-13　数据的相关关系

```
series: [
  {
    type: 'scatter'
  }
]
```

上述示例代码将 type 属性值设为 scatter，表示该系列图表类型为基础散点图。

2. 坐标轴组件的分隔线

在实际开发中，有时需要设置坐标轴在网格区域中的分隔线，以提高数据的可读性。
ECharts 为坐标轴组件提供了 splitLine 属性，用于设置 x 轴、y 轴在网格区域中的分隔线。
splitLine 属性的值为 splitLine 对象，该对象的设置方式如下。

```
xAxis: {
  splitLine: {}
},
yAxis: {
  splitLine: {}
}
```

splitLine 对象的常用属性如表 3-14 所示。

表 3-14　splitLine 对象的常用属性

属性	说明
show	用于设置是否显示分隔线。默认数值轴显示，类目轴不显示
interval	用于设置坐标轴分隔线的显示间隔，在类目轴中有效，默认采用标签不重叠的策略间隔显示标签
lineStyle	用于设置分隔线样式，包括分隔线颜色、线宽、类型等

表 3-14 中，lineStyle 属性的值为 lineStyle 对象，它的用法参见表 3-6。需要注意的是，
若要显示类目轴的分隔线，可以单独将类目轴的 splitLine 对象的 show 属性的值设置为 true。

3. 坐标轴组件不显示零刻度

在默认情况下，ECharts 图表会将坐标轴中的零刻度显示出来，如果想让坐标轴不显示零刻度，可以将 scale 属性的值设置为 true。scale 属性只在数值轴中有效，常用于双数值轴的散点图中。

scale 属性的设置方式如下。

```
xAxis: {
  type: 'value',
  scale: true
},
yAxis: {
  type: 'value',
  scale: true
}
```

上述代码设置 x 轴、y 轴为数值轴，且都不显示零刻度。

任 务 实 现

根据任务需求，基于身高和体重数据绘制基础散点图，本任务的具体实现步骤如下。

① 创建 scatter.html 文件，在该文件中创建基础 HTML5 文档结构并引入 echarts.js 文件。

② 定义一个指定了宽度和高度的父容器，具体代码如下。

```
1  <body>
2    <div id="main" style="width: 600px; height: 500px;"></div>
3  </body>
```

③ 在步骤②的第 2 行代码下方编写代码，初始化 ECharts 实例对象，准备配置项，将配置项设置给 ECharts 实例对象，具体代码如下。

```
1  <script>
2    var myChart = echarts.init(document.getElementById('main'));
3    var option = {};
4    option && myChart.setOption(option);
5  </script>
```

④ 设置散点图的配置项和数据，具体代码如下。

```
1  var option = {
2    title: {
3      text: '身高和体重'
4    },
5    xAxis: {
6      name: '身高',
7      type: 'value',
8      scale: true,
9      axisLabel: {
10       formatter: '{value} cm'
11     },
12     splitLine: {
13       show: false
14     }
15   },
16   yAxis: {
17     name: '体重',
18     type: 'value',
19     scale: true,
20     axisLabel: {
21       formatter: '{value} kg'
```

```
22      },
23      splitLine: {
24        show: false
25      }
26    },
27    series: [
28      {
29        data: [
30          [152, 50.5], [160, 52.3], [165, 54], [168, 55], [168, 60],
31          [169.5, 60.8], [170, 62], [172.6, 60], [172.5, 62], [173, 64.4],
32          [173.5, 63.2], [174, 72.2], [174, 65.6], [175.5, 64], [176, 65],
33          [178, 73.5], [180, 70], [184, 75.5], [182, 72], [188, 77]
34        ],
35        type: 'scatter',
36      }
37    ]
38 };
```

在上述代码中，第 7 行、第 18 行代码用于设置 x 轴、y 轴为数值轴；第 8 行、第 19 行代码设置 x 轴、y 轴不显示零刻度；第 9～11 行设置 x 轴刻度标签的单位为 cm；第 20～22 行设置 y 轴刻度标签的单位为 kg；第 12～14 行、第 23～25 行代码用于设置 x 轴、y 轴的分隔线为不显示状态；第 27～37 行代码用于设置图表类型为散点图，其中 data 属性用于设置数据内容，数组中每一项的第 1 个值表示身高，第 2 个值表示体重。

保存上述代码，在浏览器中打开 scatter.html 文件，身高和体重数据的基础散点图效果如图 3-14 所示。

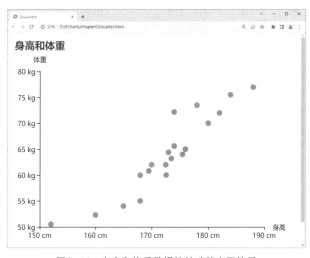

图3-14　身高和体重数据的基础散点图效果

从图 3-14 可以看出，身高和体重数据的基础散点图已经绘制完成。通过该基础散点图可以直观地看出身高与体重数据大致呈现为一种正相关的关系，即身高越高，体重也相应增加。

任务 3.2.2　绘制带有涟漪动画的散点图

任 务 需 求

在任务 3.2.1 中，通过基础散点图统计了顾客的身高和体重情况后，健身房的经理小青想要在基础散点图上给最低点[152, 50.5]和最高点[188, 77]加一个涟漪动画效果，突出显示这两个点。

本任务需要在任务 3.2.1 的基础上,为最低点和最高点添加涟漪动画,完成带有涟漪动画的散点图的绘制。

知 识 储 备

1. 初识带有涟漪动画的散点图

涟漪动画可以被理解为将一块小石子扔在水里后,产生的一圈一圈向外扩散的水波纹动画。在 ECharts 中绘制带有涟漪动画的散点图时,需要将系列的 type 属性的值设置为 effectScatter,示例代码如下。

```
series: [
  {
    type: 'effectScatter'
  }
]
```

在上述示例代码中,将 type 属性值设为 effectScatter,表示该系列图表类型为带有涟漪动画的散点图。

2. 涟漪动画的相关配置

为了对某些数据进行视觉突出显示,可以在图表中添加动画特效。系列中提供了 rippleEffect 属性,用于设置涟漪动画的相关配置,例如涟漪动画的大小、颜色、周期等。

rippleEffect 属性的值为 rippleEffect 对象,该对象的设置方式如下。

```
series: [
  {
    rippleEffect: {}
  }
]
```

rippleEffect 对象的常用属性如表 3-15 所示。

表 3-15   rippleEffect 对象的常用属性

属性	说明
color	用于设置涟漪的颜色,默认为散点的颜色
number	用于设置波纹的数量
period	用于设置动画的周期,表示时间,单位为秒
scale	用于设置动画中波纹的最大缩放比例
brushType	用于设置波纹的绘制方式

表 3-15 中,brushType 属性的值为 fill 时,表示绘制波纹并填充图形,为默认值;brushType 属性的值为 stroke 时,表示绘制波纹并进行描边。

3. 涟漪动画的显示时机

带有涟漪动画的散点图中提供了 showEffectOn 属性用于设置涟漪动画的显示时机,控制涟漪动画何时开始,可选值有 render(默认值)、emphasis,其中 render 表示界面渲染完成后开始显示涟漪动画,emphasis 表示鼠标指针移入某个散点时,该散点开始显示涟漪动画。

设置鼠标指针移入某个散点时,散点显示涟漪动画效果,示例代码如下。

```
series: [
  {
```

```
      type: 'effectScatter',
      showEffectOn: 'emphasis'
    }
  ]
```

上述示例代码设置鼠标指针移入某个散点时，该散点开始显示涟漪动画。

 任 务 实 现

根据任务需求，为最低点和最高点添加涟漪动画，完成带有涟漪动画的散点图的绘制，本任务的具体实现步骤如下。

① 创建 effectScatter.html 文件，在该文件中创建基础 HTML5 文档结构并引入 echarts.js 文件。

② 定义一个指定了宽度和高度的父容器，具体代码如下。

```
1 <body>
2   <div id="main" style="width: 800px; height: 500px;"></div>
3 </body>
```

③ 在步骤②的第 2 行代码下方编写代码，初始化 ECharts 实例对象，准备配置项，将配置项设置给 ECharts 实例对象，具体代码如下。

```
1 <script>
2   var myChart = echarts.init(document.getElementById('main'));
3   var option = {};
4   option && myChart.setOption(option);
5 </script>
```

④ 设置带有涟漪动画的散点图的配置项和数据，具体代码如下。

```
1  var option = {
2    title: {
3      text: '为最高点和最低点添加涟漪动画'
4    },
5    xAxis: {
6      name: '身高',
7      scale: true,
8      axisLabel: {
9        formatter: '{value} cm'
10     }
11   },
12   yAxis: {
13     name: '体重',
14     scale: true,
15     axisLabel: {
16       formatter: '{value} kg'
17     }
18   },
19   series: [
20     {
21       type: 'scatter',
22       data: [
23         [160, 52.3], [165, 54], [168, 55], [168, 60], [169.5, 60.8],
24         [170, 62], [172.6, 60], [172.5, 62], [173, 64.4], [173.5, 63.2],
25         [174, 72.2], [174, 65.6], [175.5, 64], [176, 65], [178, 73.5],
26         [180, 70], [184, 75.5], [182, 72]
27       ]
28     },
```

```
29    {
30      type: 'effectScatter',
31      symbolSize: 15,
32      data: [
33        [152, 50.5], [188, 77]
34      ],
35      rippleEffect: {
36        color: 'rgba(3, 29, 180, 1)',
37        brushType: 'stroke',
38        period: 4.2
39      }
40    }
41  ]
42 };
```

在上述代码中，第 22～27 行代码用于设置 data 数据为一般散点图效果；第 29～40 行代码用于设置 data 数据为带有涟漪动画的散点图效果。其中，第 31 行代码用于设置散点的大小为 15；第 35～39 行代码用于设置涟漪动画的颜色、波纹的绘制方式为填充、周期为 4.2。

保存上述代码，在浏览器中打开 effectScatter.html 文件，为最低点和最高点添加涟漪动画的效果如图 3-15 所示。

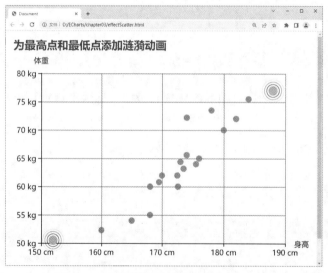

图3-15　为最低点和最高点添加涟漪动画的效果

从图 3-15 中可以看出，成功为最低点和最高低点添加了涟漪动画效果。

任务 3.2.3　绘制气泡图

 任 务 需 求

为庆祝线上店铺成立 8 周年，某商家举办了为期一周的周年庆典活动，旨在回馈新老顾客的支持，并借此机会推出了一款新产品。该新产品参与了优惠活动，以吸引顾客，同时也便于商家观察市场对新产品的反响。活动结束后，店铺运营人员对新产品在一周内不同时间的成交量进行了统计。为了更直观地呈现数据，商家想要以气泡图的形式展示新产品在一周中不同时间的成交量，新产品在一周中不同时间的成交量如表 3-16 所示。

表 3-16　新产品在一周中不同时间的成交量（单位：件）

时间	星期						
	周一	周二	周三	周四	周五	周六	周日
0 时	2	1	7	1	7	5	1
1 时	1	3	3	1	0	1	0
2 时	0	0	0	0	0	0	0
3 时	3	0	0	0	0	0	0
4 时	0	0	0	0	0	0	0
5 时	0	1	0	0	0	0	0
6 时	0	0	0	0	0	0	0
7 时	0	0	0	0	0	0	0
8 时	2	0	1	0	0	0	0
9 时	0	2	0	0	0	0	0
10 时	4	4	5	3	5	0	1
11 时	1	4	4	2	2	2	0
12 时	5	2	7	1	2	4	2
13 时	10	4	14	9	6	1	1
14 时	5	4	13	8	9	1	3
15 时	7	14	12	10	11	3	4
16 时	11	12	9	6	6	4	0
17 时	6	1	5	5	7	6	0
18 时	0	8	5	5	8	4	0
19 时	5	5	10	5	12	4	0
20 时	3	3	6	7	5	3	1
21 时	4	7	4	4	5	3	2
22 时	2	3	4	2	7	2	2
23 时	0	0	1	4	2	5	6

本任务需要基于新产品在一周中不同时间的成交量绘制气泡图。

 知 识 储 备

初识气泡图

气泡图是基础散点图的一种变体。在设置气泡图和基础散点图的图表类型时，都会将系列的 type 属性的值设置为 scatter。相比基础散点图，气泡图中添加了一个维度的数据展示，用于表示气泡（散点图中的点）的大小，不同气泡的大小可以不一致。

通过系列的 symbolSize 属性可以设置气泡的大小，支持像素值和回调函数两种方式，其中，回调函数可以动态地根据数据的具体情况设置气泡的大小。下面分别进行介绍。

1. 像素值方式

当 symbolSize 属性值为像素值时，示例代码如下。

```
series: [
  {
    type: 'scatter',
    symbolSize: 20
  }
]
```

上述示例代码设置气泡的大小为 20 像素。

2. 回调函数方式

当 symbolSize 属性值为回调函数时，示例代码如下。

```
series: [
  {
    type: 'scatter',
    symbolSize: function (val) {
      return val[1] * 2
    }
  }
]
```

在上述示例代码中，回调函数的参数 val 表示 data 中数据项的值，使用 return 返回计算后的值作为气泡的大小。

<h2 style="text-align:center">任 务 实 现</h2>

根据任务需求，基于新产品在一周中不同时间的成交量绘制气泡图，本任务的具体实现步骤如下。

① 创建 bubbleScatter.html 文件，在该文件中创建基础 HTML5 文档结构并引入 echarts.js 文件。

② 定义一个指定了宽度和高度的父容器，具体代码如下。

```
1 <body>
2   <div id="main" style="width: 800px; height: 500px;"></div>
3 </body>
```

③ 在步骤②的第 2 行代码下方编写代码，初始化 ECharts 实例对象，准备配置项，将配置项设置给 ECharts 实例对象，具体代码如下。

```
1 <script>
2   var myChart = echarts.init(document.getElementById('main'));
3   var option = {};
4   option && myChart.setOption(option);
5 </script>
```

④ 在步骤③的第 2 行代码下方编写代码，根据表 3-16 中的时间定义 x 轴的数据，具体代码如下。

```
1 const xDataArr = [
2   '0时', '1时', '2时', '3时', '4时', '5时', '6时', '7时',
3   '8时', '9时', '10时', '11时', '12时', '13时', '14时', '15时',
4   '16时', '17时', '18时', '19时', '20时', '21时', '22时', '23时'
5 ];
```

⑤ 在步骤④第 5 行代码的下方编写代码，根据表 3-16 中的星期定义 y 轴的数据，具体代码如下。

```
1 const yDataArr = [
2   '周日', '周六', '周五', '周四', '周三', '周二', '周一'
3 ];
```

⑥ 在步骤⑤的第 3 行代码的下方编写代码，根据表 3-16 中给出的数据定义气泡图的数据，数据格式为[星期, 时间, 成交量]，具体代码如下。

```
1 let data = [
2   // 周日全天的成交量
```

```
3    [6, 0, 1], [6, 1, 0], [6, 2, 0], [6, 3, 0], [6, 4, 0], [6, 5, 0],
4    [6, 6, 0], [6, 7, 0], [6, 8, 0], [6, 9, 0], [6, 10, 1], [6, 11, 0],
5    [6, 12, 2], [6, 13, 1], [6, 14, 3], [6, 15, 4], [6, 16, 0], [6, 17, 0],
6    [6, 18, 0], [6, 19, 0], [6, 20, 1], [6, 21, 2], [6, 22, 2], [6, 23, 6]
7    // 周六全天的成交量
8    [0, 0, 5], [0, 1, 1], [0, 2, 0], [0, 3, 0], [0, 4, 0], [0, 5, 0],
9    [0, 6, 0], [0, 7, 0], [0, 8, 0], [0, 9, 0], [0, 10, 0], [0, 11, 2],
10   [0, 12, 4], [0, 13, 1], [0, 14, 1], [0, 15, 3], [0, 16, 4], [0, 17, 6],
11   [0, 18, 4], [0, 19, 4], [0, 20, 3], [0, 21, 3], [0, 22, 2], [0, 23, 5],
12   // 周五全天的成交量
13   [1, 0, 7], [1, 1, 0], [1, 2, 0], [1, 3, 0], [1, 4, 0], [1, 5, 0],
14   [1, 6, 0], [1, 7, 0], [1, 8, 0], [1, 9, 0], [1, 10, 5], [1, 11, 2],
15   [1, 12, 2], [1, 13, 6], [1, 14, 9], [1, 15, 11], [1, 16, 6], [1, 17, 7],
16   [1, 18, 8], [1, 19, 12], [1, 20, 5], [1, 21, 5], [1, 22, 7], [1, 23, 2],
17   // 周四全天的成交量
18   [2, 0, 1], [2, 1, 1], [2, 2, 0], [2, 3, 0], [2, 4, 0], [2, 5, 0],
19   [2, 6, 0], [2, 7, 0], [2, 8, 0], [2, 9, 0], [2, 10, 3], [2, 11, 2],
20   [2, 12, 1], [2, 13, 9], [2, 14, 8], [2, 15, 10], [2, 16, 6], [2, 17, 5],
21   [2, 18, 5], [2, 19, 5], [2, 20, 7], [2, 21, 4], [2, 22, 2], [2, 23, 4],
22   // 周三全天的成交量
23   [3, 0, 7], [3, 1, 3], [3, 2, 0], [3, 3, 0], [3, 4, 0], [3, 5, 0],
24   [3, 6, 0], [3, 7, 0], [3, 8, 1], [3, 9, 0], [3, 10, 5], [3, 11, 4],
25   [3, 12, 7], [3, 13, 14], [3, 14, 13], [3, 15, 12], [3, 16, 9], [3, 17, 5],
26   [3, 18, 5], [3, 19, 10], [3, 20, 6], [3, 21, 4], [3, 22, 4], [3, 23, 1],
27   // 周二全天的成交量
28   [4, 0, 1], [4, 1, 3], [4, 2, 0], [4, 3, 0], [4, 4, 0], [4, 5, 1],
29   [4, 6, 0], [4, 7, 0], [4, 8, 0], [4, 9, 2], [4, 10, 4], [4, 11, 4],
30   [4, 12, 2], [4, 13, 4], [4, 14, 4], [4, 15, 14], [4, 16, 12], [4, 17, 1],
31   [4, 18, 8], [4, 19, 5], [4, 20, 3], [4, 21, 7], [4, 22, 3], [4, 23, 0],
32   // 周一全天的成交量
33   [5, 0, 2], [5, 1, 1], [5, 2, 0], [5, 3, 3], [5, 4, 0], [5, 5, 0],
34   [5, 6, 0], [5, 7, 0], [5, 8, 2], [5, 9, 0], [5, 10, 4], [5, 11, 1],
35   [5, 12, 5], [5, 13, 10], [5, 14, 5], [5, 15, 7], [5, 16, 11], [5, 17, 6],
36   [5, 18, 0], [5, 19, 5], [5, 20, 3], [5, 21, 4], [5, 22, 2], [5, 23, 0]
37 ];
```

⑦ 为了使 x 轴表示时间、y 轴表示星期，需要将数据形式由[星期, 时间, 成交量]转换为[时间, 星期, 成交量]，具体代码如下。

```
1 let res = data.map(item => {
2   return [item[1], item[0], item[2]];
3 });
```

上述代码使用 map()方法遍历 data 数据，并返回[时间, 星期, 成交量]形式的数据。

⑧ 设置气泡图的配置项，具体代码如下。

```
1 var option = {
2   title: {
3     text: '新产品在一周中不同时间的成交量（单位：件）'
4   },
5   legend: {
6     left: 'right'
7   },
8   tooltip: {
9     formatter: function (params) {
10      return (
11        yDataArr[params.value[1]] +  xDataArr[params.value[0]]
12        + ' 的成交量为 '
13        + params.value[2] + '件'
14      );
15    }
16  },
```

```
17    grid: {
18      left: '10%',
19      top: '10%',
20      bottom: 10,
21      right: 10,
22      containLabel: true
23    },
24    xAxis: {
25      name: '时间',
26      nameLocation: 'center',
27      nameGap: 30,
28      type: 'category',
29      data: xDataArr,
30      boundaryGap: false,
31      position: 'top',
32      splitLine: {
33        show: true
34      }
35    },
36    yAxis: {
37      name: '星期',
38      type: 'category',
39      data: yDataArr,
40      offset: 5,
41      nameLocation: 'center',
42      nameGap: 40
43    },
44    series: [
45      {
46        name: '成交量',
47        type: 'scatter',
48        label: {
49          show: true,
50          position: 'top',
51          formatter: function(params){
52            if( params.value[2] == 0){
53              return null
54            }
55            else{
56              return params.value[2]
57            }
58          }
59        },
60        symbolSize: function (val) {
61          return val[2] * 2.5
62        },
63        data: res
64      }
65    ]
66 };
```

　　在上述代码中，第 32～34 行代码用于设置 x 轴显示分隔线；第 51～58 行代码用于格式化气泡图标签的内容，通过 if 条件语句判断数据中的成交量是否为 0，若为 0 则返回 null，即不在气泡图中显示数值 0，否则返回对应的成交量；第 60～62 行代码用于设置气泡的大小为成交量值×2.5，从而根据成交量控制气泡的大小。

　　保存上述代码，在浏览器中打开 bubbleScatter.html 文件，新产品在一周中不同时间的成交量的气泡图效果如图 3-16 所示。

　　从图 3-16 中可以看出，新产品在一周中不同时间的成交量的气泡图绘制完成。通过该气泡图可以直观地看出，成交量的数值越大，气泡越大，成交量的数值越小，气泡越小。

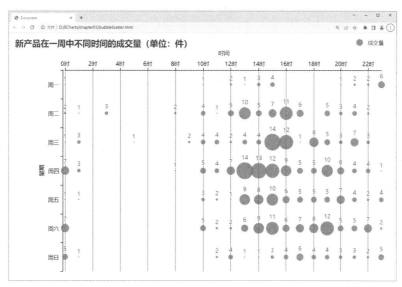

图3-16　新产品在一周中不同时间的成交量的气泡图效果

本章小结

本章主要对柱状图和散点图进行了详细讲解，首先讲解了常见柱状图的绘制，包括绘制基础柱状图、绘制堆叠柱状图、绘制阶梯瀑布图、绘制堆叠条形图；然后讲解了常见散点图的绘制，包括绘制基础散点图、绘制带有涟漪动画的散点图、绘制气泡图。通过对本章的学习，读者能够掌握常见柱状图和散点图的基本使用，能够根据实际需要使用合适的图表进行数据可视化。

课后习题

一、填空题

1. 在 ECharts 中使用柱状图时，需要将 type 属性的值设为_____。
2. 柱状图中要使用 backgroundStyle 属性，必须将_____属性的值设置为 true。
3. 柱状图中提供了_____属性用于设置标线的线条样式。
4. 柱状图中提供了_____属性用于设置图形和标签高亮样式。
5. 散点图中提供了_____属性用于设置气泡的大小。

二、判断题

1. 柱状图中使用 markPoint 对象的 symbolSize 属性设置标注的大小。（　　）
2. 散点图中使用 rippleEffect 属性设置涟漪动画的相关配置。（　　）
3. 使用带有涟漪动画的散点图时，需要将 type 属性的值设为 scatter。（　　）
4. 在带有涟漪动画的散点图中，使用 showEffectOn 属性可以设置涟漪动画的显示时机。（　　）

三、选择题

1. 下列选项中，关于柱状图中 backgroundStyle 对象常用属性的说法错误的是（　　）。

A. borderColor 属性用于设置柱条的背景描边色

B. borderType 属性用于设置柱条的背景描边类型，默认值为 dashed，表示虚线

C. borderRadius 属性用于设置柱条的背景圆角半径

D. shadowBlur 属性用于设置柱条的背景阴影的模糊大小

2. 下列选项中，关于柱状图中 emphasis 对象常用属性的说法错误的是（　　）。

A. focus 属性用于设置在高亮显示图形时，是否淡出其他数据的图形以达到聚焦的效果

B. label 属性用于设置柱条上的文本标签，可用于说明柱条的一些数据信息

C. disabled 属性用于设置是否关闭高亮状态，默认值为 true

D. blurScope 属性用于在开启 focus 的时候，配置淡出的范围

3. 下列选项中，关于带有涟漪动画的散点图中 rippleEffect 对象的常用属性的说法错误的是（　　）。

A. number 属性用于设置波纹的数量

B. period 属性用于设置动画的周期，表示时间，单位为秒

C. scale 属性用于设置动画中波纹的最大缩放比例

D. brushType 属性用于设置波纹的绘制方式，默认值为 stroke

4. 下列选项中，关于柱状图中 markPoint 对象的常用属性的说法正确的是（　　）。

A. symbol 属性用于设置标注的图形，默认值为 pin

B. symbolRotate 属性用于设置标注的旋转角度，正值表示顺时针旋转

C. blur 属性用于设置标注的淡入样式

D. data 属性用于设置标注的数据数组，数组项只能是对象

5. 下列选项中，关于柱条宽度和高度的说法错误的是（　　）。

A. barWidth 属性用于设置柱条的宽度，取值可以为像素值或百分比字符串值

B. barMaxWidth 属性用于设置柱条的最大宽度

C. barMinWidth 属性用于设置柱条的最小宽度

D. barWidth 属性的优先级高于 barMaxWidth 属性与 barMinWidth 属性的优先级

四、简答题

1. 请简述涟漪动画显示时机的设置方式。

2. 请简述气泡图中散点颜色和大小的设置方式。

五、操作题

假设现有 2021 年与 2022 年 A、B、C、D、E、F 这 6 个城市的人口数据，如表 3-17 所示。

表 3-17　人口数据（单位：百万）

所在城市	2021 年人口数	2022 年人口数
A 市	13	13.5
B 市	9	9.2
C 市	6	6.3
D 市	3	3.2
E 市	1	1.1
F 市	2.3	2.5

请基于表 3-17 中的人口数据绘制一张横向的基础柱状图。

第4章

雷达图、旭日图和关系图

知识目标	• 掌握雷达图坐标系组件的使用方法，能够设置雷达图坐标系 • 掌握雷达图指示器名称、坐标轴轴线、坐标轴分隔线的设置方法，能够设置雷达图中的指示器名称、坐标轴轴线、坐标轴分隔线 • 熟悉单击旭日图节点后的行为，能够总结单击旭日图节点后的行为 • 掌握旭日图数据的使用方法，能够设置旭日图中所需的数据 • 掌握旭日图文本标签的使用方法，能够设置文本标签的显示状态、位置等 • 熟悉旭日图半径的使用方法，能够总结旭日图半径的正确使用方法 • 掌握旭日图扇形块样式的设置方法，能够设置旭日图中扇形块的样式 • 掌握旭日图的多层样式的设置方法，能够设置不同层的样式 • 掌握关系图数据的使用方法，能够设置关系图中所需的数据 • 掌握关系图节点标记大小的设置方法，能够设置节点标记大小 • 掌握关系图节点间关系数据的使用方法，能够设置节点间的关系数据 • 掌握关系图边两端标记的使用方法，能够设置关系图边两端标记 • 掌握关系图边的标签的使用方法，能够设置边的标签
技能目标	• 掌握雷达图的绘制，能够完成基础雷达图和自定义雷达图的绘制 • 掌握旭日图的绘制，能够完成旭日图和圆角旭日图的绘制 • 掌握关系图的绘制，能够完成关系图的绘制

在日常生活中，对于一些复杂的数据，使用雷达图、旭日图、关系图等图表可以更加简单、直观地传达信息，让用户更容易理解和记忆信息。本章将对雷达图、旭日图和关系图进行详细讲解。

4.1 常见的雷达图

雷达图在数据可视化领域中通常用于描绘具有多个维度的数据集。例如，使用雷达图展示不同城市在各个指标上的排名，或者不同产品在各个方面的得分情况。常见的雷达图包含基础雷达图和自定义雷达图。本节将对常见雷达图的绘制方法进行详细讲解。

任务 4.1.1 绘制基础雷达图

任 务 需 求

某学校开展了一系列"查漏补缺"的活动，通过不定期进行考核和分析，旨在找出学生在哪些科目上比较薄弱，进一步找差距、补短板、明方向、再发力。苏校长希望绘制一张基础雷达图来展示该校三个年级部分学科的平均成绩之间的差距，从而帮助教师和学生更好地了解目前的学科成绩情况，并进一步提高学生的学习成绩。

该校三个年级部分学科的平均成绩如表 4-1 所示。

表 4-1　该校三个年级部分学科的平均成绩（单位：分）

年级	语文	数学	英语	政治	历史	地理
高一	90	76	85	72	85	70
高二	75	96	80	79	70	81
高三	80	84	72	86	79	89

本任务需要基于该校三个年级部分学科的平均成绩绘制基础雷达图。

知 识 储 备

1. 初识基础雷达图

基础雷达图以一个中心点为起点，从中心点向外延伸出多条射线，每条射线代表一个特定的变量或指标，每条射线上的点或线段表示该变量或指标在不同维度上的取值或得分。基础雷达图常用的场景如下。

① 多维数据比较：如果数据包含多个维度信息，那么基础雷达图可以用来比较不同维度上的数据情况，帮助决策者快速发现数据中的规律和潜在问题。

② 维度排名分析：对数据中的每个维度，都可以进行排名，从而判断数据的可行性和数据质量。

在 ECharts 中绘制基础雷达图时，需要将系列的 type 属性的值设置为 radar，示例代码如下。

```
series: [
  {
    type: 'radar'
  }
]
```

在上述示例代码中，将 type 属性值设为 radar，表示该系列图表类型为基础雷达图。

基础雷达图的效果如图 4-1 所示。

图 4-1 从 6 个维度展示了职场人需要具备的能力，包括抗压力、沟通力、自控力、协作力、执行力和适应力。图中展示了小夏和小明两个人所具备的职场能力的对比，例如，小夏的抗压能力较小明的强、小明的沟通能力较小夏的强等。

2. 雷达图坐标系组件

在 ECharts 中，通过雷达图坐标系组件可以创建雷达图坐标系。雷达图坐标系没有 x 轴和 y 轴，但是每一条轴都代表一个单独的维度。

雷达图坐标系组件的效果如图 4-2 所示。

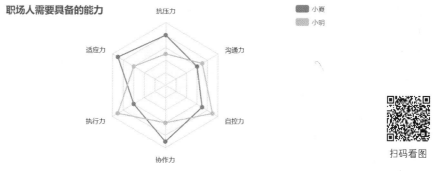

图4-1　基础雷达图的效果

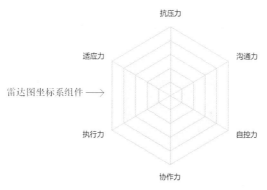

图4-2　雷达图坐标系组件的效果

通过 option 对象的 rader 属性可以配置雷达图坐标系组件，radar 属性的值为 radar 对象，该对象的设置方式如下。

```
var option = {
  radar: {}
};
```

radar 对象的常用属性如表 4-2 所示。

表 4-2　radar 对象的常用属性

属性	说明
center	用于设置雷达图的中心坐标
radius	用于设置雷达图的半径，默认值为 75%
startAngle	用于设置坐标系的起始角度，即第一条指示器轴的角度，默认值为 90
indicator	用于设置雷达图的指示器
splitArea	用于设置雷达图坐标轴在绘图区域中的分隔区域
nameGap	用于设置指示器名称和指示器轴的距离，默认值为 15
splitNumber	用于设置指示器轴的分割段数，默认值为 5
shape	用于设置雷达图绘制类型，可选值为 polygon（默认值）、circle，分别表示多边形、圆形

表 4-2 中，radius 属性与第 2 章中饼图的 radius 属性用法相同，这里不赘述。接下来对 center 属性、indicator 属性和 splitArea 属性进行详细讲解。

（1）center 属性

center 属性用于设置雷达图的中心坐标，坐标以数组的形式表示，默认值为['50%', '50%']。

数组的第一项是横坐标，第二项是纵坐标，数组元素可以被设置成像素值或百分比字符串。

将雷达图的中心坐标设置为像素值，示例代码如下。

```
center: [400, 200]
```

在上述示例代码中，第一项表示雷达图中心坐标的横坐标为 400 像素，第二项表示雷达图中心坐标的纵坐标为 200 像素。

将雷达图的中心坐标设置为百分比字符串，示例代码如下。

```
center: ['50%', '50%']
```

在上述示例代码中，第一项表示雷达图中心坐标的横坐标为容器宽度 50% 的位置，第二项表示雷达图中心坐标的纵坐标为容器高度 50% 的位置。

（2）indicator 属性

indicator 属性用于设置雷达图的指示器，该属性的值为 indicator 对象，该对象的常用属性如表 4-3 所示。

表 4-3　indicator 对象的常用属性

属性	说明
name	用于设置指示器的名称
max	用于设置指示器的最大值，默认值为 100
min	用于设置指示器的最小值，默认值为 0
color	用于设置标签特定的颜色

表 4-3 中，max 属性和 min 属性没有指定单位，雷达图指示器的最大值和最小值通常用于计算每个系列中数据点相对的位置和大小，它们的绘制位置和大小最终由图表进行决策，并不是一个固定的像素值。

设置雷达图指示器的示例代码如下。

```
1  radar: {
2    indicator: [
3      {
4        name: '抗压力',
5        max: 100
6      },
7      {
8        name: '沟通力',
9        max: 90
10     },
11   ]
12 }
```

上述示例代码设置了雷达图的两个维度：抗压力、沟通力。其中，抗压力维度中最大值为 100，表示 100 分；沟通力维度中最大值为 90，表示 90 分。

（3）splitArea 属性

splitArea 属性用于设置雷达图坐标轴在绘图区域中的分隔区域，该属性的值为 splitArea 对象，该对象的常用属性如表 4-4 所示。

表 4-4　splitArea 对象的常用属性

属性	说明
show	用于设置是否显示分隔区域，默认值为 true，表示显示，设为 false 表示不显示
areaStyle	用于设置分隔区域的样式

areaStyle 属性的值为 areaStyle 对象，该对象的常用属性如下。

● color：用于设置分隔区域的颜色，color 属性的值为数组类型，分隔区域会按数组中颜色的顺序依次循环设置颜色。默认值为['rgba(250, 250, 250, 0.3)', 'rgba(200, 200, 200, 0.3)']。

● shadowBlur：用于设置图形阴影的模糊大小，其值为数字类型，默认值为 0。

● shadowColor：用于设置阴影颜色，可以使用 RGB 表示颜色，例如'rgb(128, 128, 128)'；如果想要加上 alpha 通道表示不透明度，可以使用 RGBA，例如'rgba(128, 128, 128, 0.5)'；也可以使用十六进制格式表示颜色，例如'#ccc'。

● shadowOffsetX：用于设置阴影水平方向上的偏移距离，默认值为 0。

● shadowOffsetY：用于设置阴影垂直方向上的偏移距离，默认值为 0。

● opacity：用于设置图形的不透明度，支持从 0 到 1 的数字，为 0 时不绘制该图形，默认值为 1。

设置雷达图分隔区域的样式，示例代码如下。

```
1  radar: {
2    splitArea: {
3      show: true,
4      areaStyle: {
5        color: ['#FFF0F5', '#F0FFFF'],
6        shadowBlur: 20,
7        shadowColor: '#FF3030',
8        shadowOffsetX: 10,
9        shadowOffsetY: 20,
10       opacity: 1
11     }
12   }
13 }
```

在上述示例代码中，第 3 行代码用于设置分隔区域为显示状态，第 4~11 行代码用于设置分隔区域的样式，包括分隔区域的颜色、图形阴影的模糊大小、阴影颜色、阴影水平方向上的偏移距离、阴影垂直方向上的偏移距离、图形的不透明度。

 任 务 实 现

根据任务需求，基于该校三个年级部分学科的平均成绩绘制基础雷达图，本任务的具体实现步骤如下。

① 创建 D:\ECharts\chapter04 目录，并使用 VS Code 编辑器打开该目录。

② 放入 echarts.js 文件。

③ 创建 radar.html 文件，在该文件中创建基础 HTML5 文档结构并引入 echarts.js 文件。

④ 定义一个指定了宽度和高度的父容器，具体代码如下。

```
1  <body>
2    <div id="main" style="width: 600px; height: 300px;"></div>
3  </body>
```

⑤ 在步骤④的第 2 行代码下方编写代码，初始化 ECharts 实例对象，准备配置项，将配置项设置给 ECharts 实例对象，具体代码如下。

```
1  <script>
2    var myChart = echarts.init(document.getElementById('main'));
3    var option = {};
4    option && myChart.setOption(option);
5  </script>
```

⑥ 设置基础雷达图的配置项和数据，具体代码如下。

```
1  var option = {
2    title: {
3      text: '该校三个年级部分学科的平均成绩'
4    },
5    radar: {
6      indicator: [
7        { name: '语文', max: 100 },
8        { name: '数学', max: 100 },
9        { name: '英语', max: 100 },
10       { name: '政治', max: 100 },
11       { name: '历史', max: 100 },
12       { name: '地理', max: 100 }
13     ]
14   },
15   legend: {
16     right: 0,
17     orient: 'vertical'
18   },
19   series: {
20     type: 'radar',
21     data: [
22       {
23         value: [90, 76, 85, 72, 85, 70],
24         name: '高一'
25       },
26       {
27         value: [75, 96, 80, 79, 70, 81],
28         name: '高二'
29       },
30       {
31         value: [80, 84, 72, 86, 79, 89],
32         name: '高三'
33       }
34     ]
35   }
36 };
```

在上述代码中，第 5～14 行代码用于设置雷达图的指示器，通过 name 属性设置指示器的名称，通过 max 属性设置指示器的最大值；第 19～35 行代码用于设置系列，type 属性的值为 radar 表示图表类型为雷达图，data 属性用于定义雷达图的数据，通过 value 属性、name 属性分别定义数据值和名称。

保存上述代码，在浏览器中打开 radar.html 文件，该校三个年级部分学科的平均成绩的基础雷达图效果如图 4-3 所示。

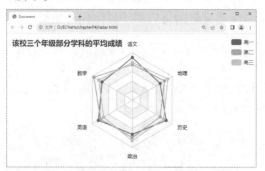

扫码看图

图4-3　该校三个年级部分学科的平均成绩的基础雷达图效果

从图 4-3 中可以看出，该校三个年级部分学科的平均成绩的基础雷达图已经成功绘制。通过该雷达图可以很直观地看出该校三个年级部分学科的平均成绩最高的年级。例如，高一年级语文、英语、历史等科目的平均成绩最高，高二年级数学科目的平均成绩最高，高三年级地理、政治等科目的平均成绩最高。同时，也可以看出该校三个年级部分学科的平均成绩最低的年级。例如，高一年级地理、数学、政治等科目的平均成绩最低，高二年级语文、历史等科目的平均成绩最低，高三年级英语科目的平均成绩最低。

任务 4.1.2　绘制自定义雷达图

任 务 需 求

在新的一年里，某公司需要棉花等原材料来生产棉被。方总监从多个维度对不同的供应商按百分制进行了评分，并对数据进行整理。他希望绘制一张自定义雷达图来更好地展示多个供应商不同维度的对比情况，从而选择合适的供应商。

多个供应商不同维度的对比如表 4-5 所示。

表 4-5　多个供应商不同维度的对比（单位：分）

供应商	企业信誉	财务	过往供应状况	产能	产品质量	距离
供应商 A	90	60	80	55	85	60
供应商 B	85	85	90	80	90	81
供应商 C	80	70	60	90	60	89

在使用雷达图进行多维数据分析时，可以给雷达图设置不同的样式来吸引用户的注意。本任务需要基于多个供应商不同维度的对比绘制自定义雷达图。

知 识 储 备

1. 雷达图指示器名称

在 ECharts 中，可以通过 radar 对象的 axisName 属性对雷达图指示器名称进行设置。axisName 属性的值为 axisName 对象，该对象的设置方式如下。

```
radar: {
  axisName: {}
}
```

axisName 对象的常用属性如表 4-6 所示。

表 4-6　axisName 对象的常用属性

属性	说明
show	用于设置是否显示指示器名称，默认值为 true，表示显示，设为 false 表示不显示
formatter	用于设置指示器名称显示的格式
color	用于设置文字的颜色，默认值为#333
fontSize	用于设置文字的字体大小，默认值为 12

表 4-6 中，formatter 属性的可选值支持字符串模板和回调函数，下面分别进行讲解。
① 使用字符串模板设置指示器名称的显示格式，示例代码如下。

```
axisName: {
  formatter: '【{value}】'
}
```

在上述示例代码中，模板变量为{value}，表示指示器名称。

② 使用回调函数设置指示器名称的显示格式，示例代码如下。

```
axisName: {
  formatter: function (value, indicator) {
    return '【' + value + '】';
  }
}
```

在上述示例代码中，formatter 属性的值为回调函数，该回调函数的第 1 个参数是指示器名称，第 2 个参数是每个维度指示器名称的配置项。

2. 雷达图坐标轴轴线

在 ECharts 中，可以通过 radar 对象的 axisLine 属性对雷达图坐标轴轴线进行设置。axisLine 属性的值为 axisLine 对象，该对象的设置方式如下。

```
radar: {
  axisLine: {}
}
```

axisLine 对象的常用属性如表 4-7 所示。

表 4-7　axisLine 对象的常用属性

属性	说明
show	用于设置是否显示坐标轴轴线，默认值为 true，表示显示坐标轴轴线
symbol	用于设置轴线两边的箭头
symbolSize	用于设置轴线两边箭头的大小，第一个数字表示宽度（垂直坐标轴方向），第二个数字表示高度（平行坐标轴方向）。默认值为[10, 15]
symbolOffset	用于设置轴线两边箭头的偏移距离，如果是数组，第一个数字表示起始箭头的偏移距离，第二个数字表示末端箭头的偏移距离；如果是数字，表示这两个箭头使用同样的偏移距离。默认值为[0, 0]
lineStyle	用于设置坐标轴轴线的样式

接下来对 symbol、lineStyle 属性进行详细讲解。

（1）symbol 属性

symbol 属性用于设置轴线两边的箭头，其值为字符串或数组类型，默认值为 none，表示不显示箭头。当 symbol 属性的值为字符串时，表示轴线的两端使用同样的箭头；当 symbol 属性的值为长度为 2 的字符串数组时，该数组中的两个元素表示轴线两端的箭头。例如，若要使轴线两端都显示箭头，可以将其设置为 arrow；若只在轴线末端显示箭头，可以将其设置为['none', 'arrow']。

symbol 属性的可选值包括 circle、rect、roundRect、triangle、diamond、pin、arrow、none 等。

（2）lineStyle 属性

lineStyle 属性的值为 lineStyle 对象，该对象的常用属性如下。

- color：用于设置坐标轴轴线的颜色，默认值为#333。
- width：用于设置坐标轴轴线的线宽，默认值为 1。
- type：用于设置轴线的类型，可选值为 solid、dashed、dotted，默认值为 solid。
- cap：用于指定线段末端的绘制方式，可选值为 butt、round、square，默认值为 butt。该属性从 ECharts 5.0 开始支持。

- shadowBlur：用于设置图形阴影的模糊大小。
- shadowColor：用于设置阴影颜色。
- shadowOffsetX：用于设置阴影水平方向上的偏移距离。
- shadowOffsetY：用于设置阴影垂直方向上的偏移距离。
- opacity：用于设置图形的不透明度。

3. 雷达图坐标轴分隔线

在 ECharts 中，可以通过 radar 对象的 splitLine 属性对雷达图坐标轴分隔线进行设置。splitLine 属性的值为 splitLine 对象，该对象的设置方式如下。

```
radar: {
  splitLine: {}
}
```

splitLine 对象的常用属性如表 4-8 所示。

表 4-8　splitLine 对象的常用属性

属性	说明
show	用于设置是否显示分隔线，默认值为 true，表示显示数值轴，不显示类目轴
lineStyle	用于设置分隔线的样式

lineStyle 属性的值为 lineStyle 对象，该对象的常用属性如下。

- color：用于设置分隔线颜色，其值为数组或字符串类型，可以将分隔线颜色设置成单个颜色，也可以设置成颜色数组。分隔线会按数组中颜色的顺序依次循环设置颜色。默认值为#ccc。
- width：用于设置分隔线宽，默认值为 1。

lineStyle 对象的属性还有 type、cap、shadowBlur、shadowColor、shadowOffsetX、shadowOffsetY、opacity 等，其使用方法与 axisLine.lineStyle 对象的同名属性的相同，此处不赘述。

 任 务 实 现

根据任务需求，基于多个供应商不同维度的对比绘制自定义雷达图，本任务的具体实现步骤如下。

① 创建 customRadar.html 文件，在该文件中创建基础 HTML5 文档结构并引入 echarts.js 文件。

② 定义一个指定了宽度和高度的父容器，具体代码如下。

```
1 <body>
2   <div id="main" style="width: 600px; height: 350px;"></div>
3 </body>
```

③ 在步骤②的第 2 行代码下方编写代码，初始化 ECharts 实例对象，准备配置项，将配置项设置给 ECharts 实例对象，具体代码如下。

```
1 <script>
2   var myChart = echarts.init(document.getElementById('main'));
3   var option = {};
4   option && myChart.setOption(option);
5 </script>
```

④ 设置自定义雷达图的标题、图例，具体代码如下。

```
1 var option = {
2   title: {
```

```
3     text: '多个供应商不同维度的对比'
4    },
5    legend: {
6      right: 0
7    },
8  };
```

在上述代码中，第 2~4 行代码用于设置图表的标题，第 5~7 行代码用于设置图例距容器右侧的距离为 0。

⑤ 配置雷达图坐标系，具体代码如下。

```
1  var option = {
2    原有代码……
3    radar: [
4      {
5        indicator: [
6          { name: '企业信誉', max: 100 },
7          { name: '财务', max: 100 },
8          { name: '过往供应状况', max: 100 },
9          { name: '产能', max: 100 },
10         { name: '产品质量', max: 100 },
11         { name: '距离', max: 100 }
12       ],
13       center: ['50%', '50%'],          // 雷达图的中心坐标
14       radius: 120,                     // 雷达图的半径
15       startAngle: 90,                  // 坐标系起始角度
16       splitNumber: 4,                  // 指示器轴的分割段数
17       shape: 'circle',                 // 雷达图的绘制类型
18       // 每个雷达图指示器名称的配置
19       axisName: {
20         formatter: function (value, indicator) {
21           return '【' + value + '】';
22         },
23         color: '#000000',
24         fontSize: 16
25       },
26       // 坐标轴轴线
27       axisLine: {
28         symbol: ['none', 'arrow'],
29         symbolOffset: [0, 10],
30         lineStyle: {
31           color: '#EE7600'
32         }
33       },
34       // 分隔线
35       splitLine: {
36         lineStyle: {
37           color: '#00868B'
38         }
39       },
40       // 分隔区域
41       splitArea: {
42         areaStyle: {
43           color: ['#FFF5EE', '#E6E6FA'],
44           opacity: 0.5
45         }
46       }
47     }
48   ],
49 };
```

在上述代码中，第 5～12 行代码用于设置雷达图指示器的名称和最大值；第 19～25 行
代码用于设置指示器名称显示的格式、文字的颜色和字体大小；第 27～33 行代码用于设置
轴线两边的箭头、轴线两边箭头的偏移距离和坐标轴轴线的颜色；第 35～39 行代码用于设
置分隔线的颜色；第 41～46 行代码用于设置分隔区域的颜色和图形的不透明度。

⑥ 设置自定义雷达图的数据，具体代码如下。

```
1  var option = {
2    原有代码……
3    series: [
4      {
5        type: 'radar',
6        data: [
7          {
8            value: [90, 60, 80, 55, 85, 60],
9            name: '供应商 A'
10         },
11         {
12           value: [85, 85, 90, 80, 90, 81],
13           name: '供应商 B',
14           areaStyle: {
15             opacity: 0.2
16           }
17         },
18         {
19           value: [80, 70, 60, 90, 60, 89],
20           name: '供应商 C'
21         }
22       ]
23     }
24   ]
25 };
```

在上述代码中，第 3～24 行代码用于设置系列列表，表示雷达图的数据，其中，第 5
行代码用于设置图表类型为雷达图，第 6～22 行代码用于设置雷达图的数据，value 属性用
于设置系列的值，name 属性用于设置系列的名称，第 14～16 行代码用于设置该系列的填
充样式，图形的不透明度为 0.2。

保存上述代码，在浏览器中打开 customRadar.html 文件，多个供应商不同维度的对比的
自定义雷达图效果如图 4-4 所示。

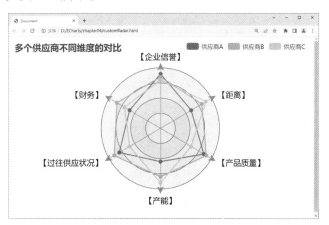

扫码看图

图4-4　多个供应商不同维度的对比的自定义雷达图效果

从图 4-4 中可以看出，多个供应商不同维度的对比的自定义雷达图已经成功绘制。通过该雷达图可以很直观地看出多个供应商不同维度的对比，例如，供应商 A 的企业信誉最好，供应商 B 的财务、过往供应状况、产品质量最好，供应商 C 的产能、距离最好。

4.2 常见的旭日图和关系图

旭日图和关系图是数据可视化中常见的图表类型。旭日图常用于显示层次和环形结构数据，例如，组织结构、文件目录等。关系图用于显示节点之间的关系，例如，分析社交网络、物流网络和交通网络等。这两种图表类型都在数据可视化中扮演了重要角色，可以帮助用户更好地理解和分析数据。本节将对常见旭日图和关系图的绘制方法进行详细讲解。

任务 4.2.1 绘制旭日图

 任 务 需 求

经济学有一个观点："保持良好的供求关系是社会经济发展的目标之一。"某公司在年度总结大会上发现东西部用户需求量与供应商供给量存在较大差异，故决定明年将根据今年全国各地区玫瑰花销售情况来调整供给量。杜经理希望绘制一张旭日图来展示各地区玫瑰花的销量情况，以便更好地制定相应的措施。

该公司今年的各地区玫瑰花销量如表 4-9 所示。

表 4-9 各地区玫瑰花销量（单位：扎）

地区		销量	地区		销量
东北	辽宁省	200	华东	山东省	121
	吉林省	90		江苏省	130
	黑龙江省	145		安徽省	289
华北	北京市	500		浙江省	345
	天津市	400		福建省	265
	河北省	300		江西省	200
	山西省	320		上海市	524
	内蒙古自治区	200	西北	宁夏回族自治区	432
华中	湖北省	230		新疆维吾尔自治区	158
	湖南省	190		青海省	245
	河南省	80		陕西省	385
华南	广东省	123		甘肃省	156
	广西壮族自治区	321	西南	四川省	287
	海南省	222		云南省	158
	香港特别行政区	100		贵州省	255
	澳门特别行政区	210		西藏自治区	165
华东	台湾省	165		重庆市	145

本任务需要基于各地区玫瑰花销量绘制旭日图。

知 识 储 备

1. 初识旭日图

当需要展示数据占比情况时，饼图是较常用的图表。然而饼图只能展示单层数据的占比情况，在存在多层数据时，饼图就不再适用。为了展示多个层级之间的关系，可以使用旭日图。旭日图相当于多张饼图的叠加，能够同时表示多个层级之间的全局和局部关系，因此在多层级数据的情况下，旭日图更为实用。

旭日图由多层的环形图组成，一个圆环代表一个层级的分类数据，一个环块所代表的数值可以体现该数据在同层级数据中的占比。旭日图是一种父子级构成类图表，可以表现层级数据，内层数据是相邻外层数据的父类别，最内层圆环的分类级别最高，越往外，分类级别越低，分类内容越具体。

在 ECharts 中绘制旭日图时，需要将系列的 type 属性的值设置为 sunburst，示例代码如下。

```
series: [
  {
    type: 'sunburst'
  }
]
```

在上述示例代码中，type 属性值为 sunburst，表示该系列图表类型为旭日图。

旭日图的效果如图 4-5 所示。

图 4-5 中展示了简单的旭日图效果。某书店中图书的分类包含虚拟图书和非虚拟图书，其中，虚拟图书包括小说和其他类目，非虚拟图书包括哲学、设计和心理类目。

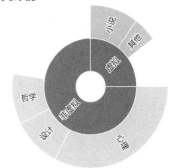

某书店图书分类详情

图4-5　旭日图效果

需要注意的是，在非虚拟图书中，二级分类下圆环的内半径不等于一级分类的圆环的外半径，这是因为还有一些图书属于非虚拟图书，但是在图 4-5 中并未展示出来。

2. 单击旭日图节点后的行为

旭日图默认支持数据下钻，即当用户单击了某个扇形块之后，将会以该节点作为根节点显示，并且在中间出现一个返回上层节点的圆。如果不希望有数据下钻的功能，可以通过系列的 nodeClick 属性设置。nodeClick 属性用于设置单击旭日图节点后的行为。

nodeClick 属性常用的可选值如下。

- false：单击节点无反应。
- rootToNode：单击节点后以该节点为根节点进行图表的展示。

设置单击旭日图节点后行为的示例代码如下。

```
series: [
  {
    type: 'sunburst',
    nodeClick: 'rootToNode'
  }
]
```

3. 旭日图的数据

通过系列的 data 属性可以指定旭日图的数据。在旭日图中，data 属性的数据格式是树状的，该属性的值为 data 对象。

旭日图中 data 对象的常用属性如表 4-10 所示。

表 4-10   旭日图中 data 对象的常用属性

属性	说明
value	用于设置数据值
children	用于设置子节点，其格式同 data 属性的一致
name	用于设置显示在扇形块中的描述性文字
link	用于设置单击此节点可跳转的超链接，在系列的 nodeClick 属性值为 link 时才生效
target	用于设置在何处打开链接文档，相当于<a>标签的 target 属性，可选值为 blank（默认值）、self，分别表示内容在新窗口中打开、内容在当前窗口中打开

表 4-10 中，value 属性用于设置数据值，如果 data 对象中包含 children 属性，则可以不设置 value 属性的值，这时将使用子元素的 value 属性值之和作为父元素的 value 属性值。如果给定的 value 属性值大于子元素之和，则表示还有其他子元素未显示。

设置旭日图数据的示例代码如下。

```
1  data: [
2    {
3      name: 'parent1',
4      children: [
5        {
6          name: 'child1',
7          value: 3
8        }
9      ]
10   },
11   {
12     name: 'parent2',
13     value: 10
14   }
15 ]
```

在上述示例代码中，第 2~10 行代码用于设置旭日图的第 1 组数据，其中，第 3 行代码用于设置显示在扇形块中的文字为 parent1，第 4~9 行代码用于设置子节点名称为 child1，值为 3；第 11~14 行代码用于设置旭日图的第 2 组数据，使显示在扇形块中的文字为 parent2，值为 10。

 任 务 实 现

根据任务需求，基于各地区玫瑰花销量绘制旭日图，具体实现步骤如下。

① 创建 sunburst.html 文件，在该文件中创建基础 HTML5 文档结构并引入 echarts.js 文件。

② 定义一个指定了宽度和高度的父容器，具体代码如下。

```
1  <body>
2    <div id="main" style="width: 600px; height: 500px;"></div>
3  </body>
```

③ 在步骤②的第 2 行代码下方编写代码，初始化 ECharts 实例对象，准备配置项，将配置项设置给 ECharts 实例对象，具体代码如下。

```
1  <script>
2    var myChart = echarts.init(document.getElementById('main'));
3    var option = {};
4    option && myChart.setOption(option);
5  </script>
```

④ 在步骤③的第 2 行代码下方编写代码，根据表 4-9 中的数据定义旭日图的数据，具体代码如下。

```
1  var data = [
2    {
3      name: '东北',
4      children: [
5        { name: '辽宁省', value: 200 },
6        { name: '吉林省', value: 90 },
7        { name: '黑龙江省', value: 145 }
8      ]
9    },
10   {
11     name: '华北',
12     children: [
13       { name: '北京市', value: 500 },
14       { name: '天津市', value: 400 },
15       { name: '河北省', value: 300 },
16       { name: '山西省', value: 320 },
17       { name: '内蒙古自治区', value: 200 }
18     ]
19   },
20   {
21     name: '华中',
22     children: [
23       { name: '湖北省', value: 230 },
24       { name: '湖南省', value: 190 },
25       { name: '河南省', value: 80 }
26     ]
27   },
28   {
29     name: '华南',
30     children: [
31       { name: '广东省', value: 123 },
32       { name: '广西壮族自治区', value: 321 },
33       { name: '海南省', value: 222 },
34       { name: '香港特别行政区', value: 100 },
35       { name: '澳门特别行政区', value: 210 }
36     ]
37   },
38   {
39     name: '华东',
40     children: [
41       { name: '山东省', value: 121 },
42       { name: '江苏省', value: 130 },
43       { name: '安徽省', value: 289 },
44       { name: '浙江省', value: 345 },
45       { name: '福建省', value: 265 },
46       { name: '江西省', value: 200 },
47       { name: '上海市', value: 524 },
48       { name: '台湾省', value: 165 }
49     ]
50   },
51   {
52     name: '西北',
53     children: [
54       { name: '宁夏回族自治区', value: 432 },
55       { name: '新疆维吾尔自治区', value: 158 },
56       { name: '青海省', value: 245 },
```

```
57        { name: '陕西省', value: 385 },
58        { name: '甘肃省', value: 156 }
59      ]
60    },
61    {
62      name: '西南',
63      children: [
64        { name: '四川省', value: 287 },
65        { name: '云南省', value: 158 },
66        { name: '贵州省', value: 255 },
67        { name: '西藏自治区', value: 165 },
68        { name: '重庆市', value: 145 }
69      ]
70    }
71 ];
```

上述代码通过树形结构定义了旭日图的数据，name 属性用于设置显示在扇形块中的描述性文字，children 属性用于设置子节点，value 属性用于设置该节点的数据。

⑤ 设置旭日图的配置项，具体代码如下。

```
1 var option = {
2   title: {
3     text: '各地区玫瑰花的销量'
4   },
5   series: [
6     {
7       type: 'sunburst',
8       data: data,
9       nodeClick: 'rootToNode'
10     }
11   ]
12 };
```

在上述代码中，第 2~4 行代码用于设置图表的标题，第 5~11 行代码用于设置系列列表，type 属性值为 sunburst 表示图表类型为旭日图，data 属性值为步骤④中定义的数据，nodeClick 属性值为 rootToNode 表示单击节点后，以该节点为根节点进行图表的展示。

保存上述代码，在浏览器中打开 sunburst.html 文件，各地区玫瑰花销量的旭日图效果如图 4-6 所示。

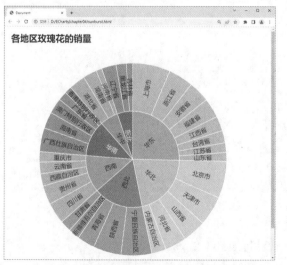

扫码看图

图4-6   各地区玫瑰花销量的旭日图效果

从图 4-6 中可以看出，各地区玫瑰花销量的旭日图已经绘制完成。

单击华北节点后的页面效果如图 4-7 所示。

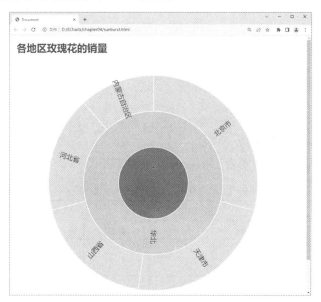

图4-7　单击华北节点后的页面效果

从图 4-7 中可以看出，单击华北节点后，以华北为根节点进行旭日图的展示。单击图 4-7 中心的圆，可以退出华北节点。

单击图 4-7 中北京市节点后的页面效果如图 4-8 所示。

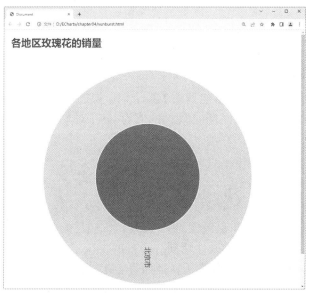

图4-8　单击图4-7中北京市节点后的页面效果

从图 4-8 中可以看出，单击北京市节点后，旭日图仅显示与北京市有关的数据。单击图 4-8 中心的圆，可以退出北京市节点。

另外，单击图 4-6 中的北京市节点，也可以直接进入北京市节点，读者可以自行尝试。

任务 4.2.2　绘制圆角旭日图

"民以食为天。"随着中国经济的飞速发展,"吃饱"对于中国人来说已不是问题,而如何"吃好"是人们的新关注点。某餐饮店作为行业"龙头",为引领国内美食文化,决定谋求多元化发展,集传统八大菜系于一体。

叶经理希望绘制一张圆角旭日图来展示该店部分菜系中不同菜品的销售情况,从而掌握客户的喜好,更好地服务客户。

该餐饮店近期的八大菜系美食的销量如表 4-11 所示。

表 4-11　八大菜系美食的销量(单位:份)

美食		销量	美食		销量
川菜	辣子鸡	20	苏菜	松鼠鳜鱼	23
	川味火锅	15	闽菜	佛跳墙	14
	水煮肉	13		福建酿豆腐	11
	鱼香肉丝	21	浙菜	干菜焖肉	21
鲁菜	糖醋鲤鱼	20		荷叶粉蒸肉	15
粤菜	白切鸡	16		西湖醋鱼	17
	潮汕牛肉火锅	8		龙井虾仁	25
湘菜	剁椒鱼头	9	徽菜	臭鳜鱼	19
	长沙麻仁香酥鸭	30		徽州毛豆腐	10

本任务需要基于八大菜系美食的销量绘制圆角旭日图。

1. 旭日图扇形块的文本标签样式

通过系列的 label 属性可以设置旭日图中某个扇形块的文本标签的样式,以及说明图形的一些数据信息,如值、名称等。label 属性的值为 label 对象,该对象的设置方式如下。

```
series: [
  {
    label: {}
  }
]
```

除此之外,系列的 data 对象也包含 label 属性,该属性的值和系列的 label 属性的值都是 label 对象,这两个对象包含的属性相同。系列的 label 属性的优先级低于 data 对象的 label 属性的。旭日图中 label 对象的常用属性如表 4-12 所示。

表 4-12　旭日图中 label 对象的常用属性

属性	说明
rotate	用于设置文本标签的旋转角度
align	用于设置文字的对齐方式,可选值为 left、center(默认值)、right,分别表示靠近内圈对齐、居中对齐、靠近外圈对齐

属性	说明
minAngle	用于设置某个扇形块角度小于该值时，扇形块对应的文字不显示。该值用于隐藏过小的扇形块中的文字，默认值为 0
show	用于设置是否显示标签，默认值为 true，表示显示，设为 false 表示不显示
position	用于设置标签的位置
distance	用于设置标签距离图形元素的距离，当 position 属性值为 top、insideRight 的时候有效，默认值为 5
color	用于设置文字的颜色，默认值为#fff
fontSize	用于设置文字的字体大小，默认值为 12
borderWidth	用于设置文字块边框的宽度，默认值为 0
padding	用于设置文字块的内边距
borderRadius	用于设置文字块的圆角，默认值为 0

接下来对 rotate、position、padding 属性进行详细讲解。

（1）rotate 属性

rotate 属性用于设置文本标签的旋转角度，其值为字符串或数字类型。

● 字符串类型：可选值为 radial（默认值）、tangential，分别表示径向旋转、切向旋转。

● 数字类型：表示标签的旋转角，范围为–90° 到 90°，正值表示逆时针旋转。如果可选值为 0，则文字不进行旋转。

（2）position 属性

position 属性用于设置标签的位置，其值为字符串或数组类型，下面分别进行讲解。

● 字符串类型：可选值为 top、left、right、bottom、inside（默认值）、insideLeft、insideRight、insideTop、insideBottom、insideTopLeft、insideBottomLeft、insideTopRight、insideBottomRight 等。

使用字符串类型的数据声明标签位置，示例代码如下。

```
label: {
  position: 'right'
}
```

● 数组类型：标签的位置可以以数组的形式表示，可将数组元素设置成像素值或者百分比字符串。

将标签位置设置成像素值的示例代码如下。

```
position: [10, 10]
```

上述示例代码表示标签相对于其所在图形位置的 x 轴偏移量为 10，y 轴偏移量也为 10。

将标签位置设置成百分比字符串的示例代码如下。

```
position: ['50%', '50%']
```

上述示例代码表示标签的位置将被固定在其所在图形的中心位置。其中，第一项 50%表示标签距离图形左侧边缘的距离为整个图形宽度的一半，第二项 50%表示标签距离图形顶部边缘的距离为整个图形高度的一半。

（3）padding 属性

padding 属性用于设置文字块的内边距，其值为数字或数组类型，默认值为 0。padding 属性的可选值的示例如下。

● padding: [3, 4, 5, 6]：表示[上, 右, 下, 左]的边距。

- padding: 4：表示 padding: [4, 4, 4, 4]。
- padding: [3, 4]：表示 padding: [3, 4, 3, 4]。

设置文本标签样式的示例代码如下。

```
1  series: [
2    {
3      label: {
4        rotate: 'tangential',
5        align: 'center',
6        minAngle: 10,
7        show: true,
8        position: 'top',
9        distance: 5,
10       color: '#ccc',
11       borderWidth: 2,
12       borderRadius: 10
13     }
14   }
15 ]
```

在上述示例代码中，第 4～12 行代码分别设置文本标签的旋转角度、对齐方式、角度小于 10° 时文本标签不显示、文本标签为显示状态、标签的位置、标签距离图片元素的距离、文字的颜色、文字块边框的宽度、文字块的圆角。

2. 旭日图的半径

旭日图的半径可以通过系列的 radius 属性来设置。设置旭日图半径的示例代码如下。

```
series: [
  {
    type: 'sunburst',
    radius: [0, '75%']    // 默认值
  }
]
```

radius 属性值可以为以下 3 种类型的数据。

- 数字：直接指定外半径值。当 radius 属性值为数字时，表示像素值。
- 百分比字符串：例如 20%，表示外半径为可视区域尺寸的 20%。当 radius 属性值为百分比字符串时，它是相对于容器宽度中较短的一条边的。如果宽度大于高度，则百分比是相对于高度的。
- 数组：数组中的第一项是内半径，第二项是外半径。

3. 旭日图扇形块的样式

在旭日图中可以对某个扇形块进行样式设置，使旭日图更加美观。通过系列的 itemStyle 属性可以设置扇形块的样式。itemStyle 属性的值为 itemStyle 对象，该对象的设置方式如下。

```
series: [
  {
    itemStyle: {}
  }
]
```

在系列的 itemStyle 对象中可以定义所有扇形块的样式，在 data 属性的 itemStyle 对象中可以定义每个扇形块的样式。系列的 itemStyle 对象的优先级低于 data.itemStyle 对象的。如果定义了 data.itemStyle 对象，该对象的属性将会覆盖系列的 itemStyle 对象的属性。

itemStyle 对象的常用属性如表 4-13 所示。

表 4-13　itemStyle 对象的常用属性

属性	说明
color	用于设置图形的颜色，默认从全局调色盘中获取颜色
borderColor	用于设置图形的描边颜色，默认值为 white
borderWidth	用于设置描边线宽，值为 0 时无描边，默认值为 1
borderType	用于设置描边类型，可选值为 solid（默认值）、dashed、dotted
borderCap	指定线段末端的绘制方式，可选值为 butt（默认值）、round、square，分别表示线段末端以方形结束、线段末端以圆形结束、线段末端以方形结束（会增加一个宽度和线段宽度相同、高度是线段厚度一半的矩形区域）
borderRadius	用于设置旭日图扇形块的内外圆角半径，默认值为 0

表 4-13 中的 borderRadius 属性的值为数字、字符串、数组类型，支持设置值为像素值或者相对于扇形块半径的百分比字符串。

从 ECharts 5.3.0 开始，borderRadius 属性支持分别配置从内到外顺时针方向 4 个角的圆角半径，百分比字符串从相对于内外扇形半径更改为相对于内外扇形的半径差。borderRadius 属性支持的类型如下。

- borderRadius: 10：表示内圆角半径和外圆角半径都是 10。
- borderRadius: '20%'：表示内圆角半径和外圆角半径都是扇形块半径的 20%。
- borderRadius: [10, 20]：表示为环形图时，内圆角半径是 10，外圆角半径是 20。
- borderRadius: ['20%', '50%']：表示为环形图时，内圆角半径是内外圆半径差的 20%、外圆角半径是内外圆半径差的 50%。
- borderRadius: [5, 10, 15, 20]：表示内圆角半径分别为 5 和 10，外圆角半径分别为 15 和 20。

设置扇形块样式的示例代码如下。

```
 1  series: [
 2    {
 3      type: 'sunburst',
 4      itemStyle: {
 5        color: '#ccc',
 6        borderColor: 'black',
 7        borderWidth: 2,
 8        borderType: 'dotted',
 9        borderRadius: 10
10      }
11    }
12  ]
```

在上述示例代码中，第 4~10 行代码用于设置扇形块的样式，包括扇形块的颜色、描边颜色、描边线宽、描边类型和内外圆角半径。

4. 旭日图的多层样式

旭日图具有一种有层次的结构，为了方便同一层样式的配置，可以使用系列的 levels 属性。levels 属性的值是 levels 数组，数组中的第 1 个元素表示数据下钻后返回上级的图形，其后的每个元素分别表示从圆心向外层的层级。

levels 数组的设置方式如下。

```
series: [
  {
    levels: [{}]
```

```
    }
  ],
```

levels 数组中每一个元素都为一个 levels 对象，该对象的常用属性如表 4-14 所示。

表 4-14　levels 对象的常用属性

属性	说明
radius	用于设置当前层的内半径和外半径，为数组类型的数据
label	用于设置当前层每个扇形块中文本标签的样式
itemStyle	用于设置当前层每个扇形块的样式

表 4-14 中，levels 对象的 label 和 itemStyle 属性的值为对象类型，其属性与系列的 label 对象和 itemStyle 对象的属性相同。label 对象的优先级从高到低依次是系列的 data.label 对象、系列的 levels.label 对象、系列的 label 对象。itemStyle 对象的优先级从高到低依次是系列的 data.itemStyle 对象、系列的 levels.itemStyle 对象、系列的 itemStyle 对象。

设置旭日层多层样式的示例代码如下。

```
1  series: [
2    {
3      type: 'sunburst',
4      levels: [
5        {},
6        {
7          radius: ['15%', '50%'],
8          itemStyle: {
9            color: 'red'
10         },
11         label: {
12           color: 'green'
13         }
14       }
15     ]
16   }
17 ]
```

在上述示例代码中，第 4~15 行代码用于设置旭日图多层扇形块和文本标签的样式，其中，第 5 行代码表示空白配置，第 6~14 行代码用于设置最靠内层第一层的样式，分别设置了半径、当前层每个扇形块的颜色、当前层文本标签的颜色。

 任 务 实 现

根据任务需求，基于八大菜系美食的销量绘制圆角旭日图，本任务的具体实现步骤如下。

① 创建 roundedSunburst.html 文件，在该文件中创建基础 HTML5 文档结构并引入 echarts.js 文件。

② 定义一个指定了宽度和高度的父容器，具体代码如下。

```
1  <body>
2    <div id="main" style="width: 500px; height: 400px;"></div>
3  </body>
```

③ 在步骤②的第 2 行代码下方编写代码，初始化 ECharts 实例对象，准备配置项，将配置项设置给 ECharts 实例对象，具体代码如下。

```
1  <script>
2    var myChart = echarts.init(document.getElementById('main'));
```

```
3   var option = {};
4   option && myChart.setOption(option);
5 </script>
```

④ 在步骤③的第 2 行代码下方编写代码，根据表 4-11 中的数据定义圆角旭日图的数据，具体代码如下

```
1 var data = [
2   {
3     name: '川菜',
4     children: [
5       { name: '辣子鸡', value: 20 },
6       { name: '川味火锅', value: 15 },
7       { name: '水煮肉', value: 13 },
8       { name: '鱼香肉丝', value: 21 }
9     ]
10  },
11  {
12    name: '鲁菜',
13    children: [
14      { name: '糖醋鲤鱼', value: 20 }
15    ]
16  },
17  {
18    name: '粤菜',
19    children: [
20      { name: '白切鸡', value: 16 },
21      { name: '潮汕牛肉火锅', value: 8 }
22    ]
23  },
24  {
25    name: '湘菜',
26    children: [
27      { name: '剁椒鱼头', value: 9 },
28      { name: '长沙麻仁香酥鸭', value: 30 }
29    ]
30  },
31  {
32    name: '苏菜',
33    children: [
34      { name: '松鼠鳜鱼', value: 23 }
35    ]
36  },
37  {
38    name: '闽菜',
39    children: [
40      { name: '佛跳墙', value: 14 },
41      { name: '福建酿豆腐', value: 11 }
42    ]
43  },
44  {
45    name: '浙菜',
46    children: [
47      { name: '干菜焖肉', value: 21 },
48      { name: '荷叶粉蒸肉', value: 15 },
49      { name: '西湖醋鱼', value: 17 },
50      { name: '龙井虾仁', value: 25 }
51    ]
52  },
```

```
53  {
54    name: '徽菜',
55    children: [
56      { name: '臭鳜鱼', value: 19 },
57      { name: '徽州毛豆腐', value: 10 }
58    ]
59  }
60 ];
```

上述代码通过树形结构定义了旭日图的数据，name 属性用于设置显示在扇形块中的描述性文字，children 属性用于设置子节点，value 属性用于设置该节点的数据。

⑤ 设置圆角旭日图的配置项，具体代码如下。

```
1  var option = {
2    title: {
3      text: '八大菜系美食的销量'
4    },
5    series: [
6      {
7        type: 'sunburst',
8        data: data,
9        levels: [
10         {},
11         {
12           radius: ['15%', '50%'],
13           label: {
14             rotate: 'tangential'
15           },
16           itemStyle: {
17             borderWidth: 2
18           }
19         },
20         {
21           radius: ['50%', '55%'],
22           label: {
23             position: 'outside',
24             padding: 5
25           },
26           itemStyle: {
27             borderColor: '#ccc',
28             borderType: 'dashed',
29             borderRadius: 10
30           }
31         }
32       ]
33     }
34   ]
35 };
```

在上述代码中，第 9~32 行代码用于设置旭日图多层扇形块和文本标签的样式，其中，第 11~19 行代码用于设置扇形块的半径、文本标签的旋转角度和扇形块的描边线宽，第 20~31 行代码用于设置扇形块的半径，文本标签的位置、内边距，以及扇形块的描边颜色、描边类型和扇形块的内外圆半径。

保存上述代码，在浏览器中打开 roundedSunburst.html 文件，八大菜系美食的销量的圆角旭日图效果如图 4-9 所示。

从图 4-9 中可以看出，八大菜系美食的销量的圆角旭日图已经成功绘制。通过该旭日图可以很直观地看出八大菜系美食的销量占比情况，例如，该餐饮店八大菜系中，川菜和浙菜的销量占比最多。

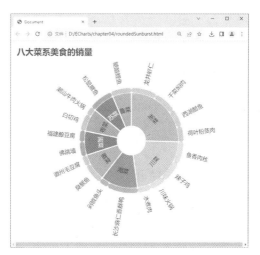

图4-9　八大菜系美食的销量的圆角旭日图效果

任务 4.2.3　绘制关系图

任 务 需 求

　　"欲穷千里目，更上一层楼。"学习与生活也是如此，想要有收获，就必须不断开阔眼界，迈出属于自己的脚步。作为一名学生，小文深知这一点，所以经常阅读经典著作来充实自己，同时他还会对经典著作进行概括梳理，加深对书中人物的印象，得出自己的理解。近期，他又重读了《西游记》这本经典著作，并对书中的部分人物关系进行了整理。

　　《西游记》中部分人物关系如表 4-15 所示。

表 4-15　《西游记》中部分人物关系

人物	关系	人物	关系
唐僧——孙悟空	师徒	唐僧——白龙马	坐骑
唐僧——猪八戒	师徒	唐僧——沙悟净	师徒

　　本任务需要基于《西游记》中部分人物关系绘制关系图。

知 识 储 备

1. 初识关系图

　　关系图采用一种图形化的方式展示实体之间关系。在关系图中，常用节点表示每个实体，用一个节点和其他节点之间的边表示它们之间的关系。

　　关系图用于展示事物的相关性和关联性，使用关系图可以将各个要素之间的关系可视化，提高整理归纳及理解分析的效率。例如在阅读名著时，可以通过关系图梳理人物关系，每个人都可以用一个节点表示，而每个人之间的关系则用边表示。这样做的好处在于可以更直观地展现人与人之间的关系，使读者能够更好地把握人物之间的关系，让平面的人物变得立体。

　　在 ECharts 中绘制关系图时，需要将系列的 type 属性的值设置为 graph，示例代码如下。

```
series: [
  {
```

```
      type: 'graph'
  }
]
```

在上述示例代码中，type 属性值为 graph，表示该系列图表类型为关系图。

关系图的效果如图 4-10 所示。

从图 4-10 中可以看出，1 号线可以到达 2、3 号线，2 号线可以到达 3 号线。

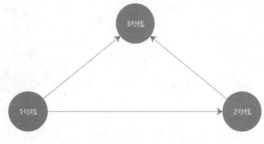

图4-10　关系图的效果

2. 关系图的数据

通过系列的 data 属性可以设置关系图的数据，生成关系图节点的数据列表。data 属性的值为 data 对象，其常用属性如表 4-16 所示。

表 4-16　data 对象的常用属性

属性	说明
name	用于设置数据项名称
x	用于设置节点的初始 x 值，在不指定的时候需要指定 layout 属性的值选择布局方式
y	用于设置节点的初始 y 值，在不指定的时候需要指定 layout 属性的值选择布局方式
value	用于设置数据项值
target	用于设置在何处打开链接文档，可选值为 blank（默认值）、self

表 4-16 中提到的 layout 属性用于指定关系图的布局方式，默认值为 none，可选值如下。

● none：表示不采用任何布局，使用节点中提供的 x、y 属性作为节点的位置。

● circular：表示采用环形布局。

● force：表示采用力引导布局。

设置关系图中所需数据的示例代码如下。

```
data: [
  {
    name: 'Node 1',
    x: 300,
    y: 300
  }
]
```

上述示例代码设置数据项的名称为 Node 1，节点的初始 x 值为 300，节点的初始 y 值为 300。

3. 关系图节点标记大小

通过系列的 symbolSize 属性可以设置关系图节点标记的大小，其值为数字类型或数组类型。

将关系图节点标记大小设置为数字类型，示例代码如下。

```
symbolSize: 50
```

在上述示例代码中，当将 symbolSize 属性的值设置为数字类型时，表示节点标记的宽高均为 50 像素。

将关系图节点标记大小设置为数组类型，示例代码如下。

```
symbolSize: [20, 10]
```

在上述示例代码中，当 symbolSize 属性值为数组类型时，表示节点标记的宽为 20 像素，高为 10 像素。

4．关系图节点间的关系数据

通过系列的 links 属性可以设置关系图节点间的关系数据。links 属性的值为 links 对象，该对象的常用属性如表 4-17 所示。

表 4-17 links 对象的常用属性

属性	说明
source	用于设置边的源节点名称的字符串
target	用于设置边的目标节点名称的字符串
label	用于设置标签
lineStyle	用于设置关系边的线条样式

表 4-17 中，label 属性的值为 label 对象，关系图中 label 对象的常用属性如表 4-18 所示。

表 4-18 关系图中 label 对象的常用属性

属性	说明
show	用于设置是否显示标签，默认值为 false，表示不显示，设为 true 表示显示
position	用于设置标签的位置，默认值为 middle

设置关系图节点间的关系数据的示例代码如下。

```
1  series: [
2    {
3      links: [
4        {
5          source: 'n1',
6          target: 'n2',
7          label: {
8            show: true
9          }
10       }
11     ]
12   }
13 ]
```

在上述示例代码中，第 5~9 行代码用于设置源节点名称为 n1，目标节点名称为 n2，标签为显示状态。

5．关系图边两端的标记

在关系图中，边两端分别指向相关联的两个实体，可设置边两端标记的类型和大小。下面分别进行讲解。

（1）edgeSymbol 属性

通过系列的 edgeSymbol 属性可以设置关系图边两端的标记类型。该属性的值为数组或字符串类型。

将关系图边两端的标记类型设置为数组类型，示例代码如下。

```
edgeSymbol: ['none', 'none']
```

上述示例代码用于指定边两端不显示标记。数组元素的可选值为 none（不显示）、circle（圆形）和 arrow（箭头形）。

将关系图边两端的标记类型设置为字符串类型，示例代码如下。

```
edgeSymbol: 'none'
```

（2）edgeSymbolSize 属性

通过系列的 edgeSymbolSize 属性可以设置关系图边两端的标记大小，该属性的值可以是一个数组，通过两个元素分别指定两端，也可以是数字，统一指定边两端的标记大小。

将边两端的标记大小设置为数组类型，示例代码如下。

```
edgeSymbolSize: [5, 5]
```

上述示例代码将边两端的标记大小均设置为 5。

将边两端的标记大小设置为数字类型，示例代码如下。

```
edgeSymbolSize: 10
```

上述示例代码将边两端的标记大小设置为 10。

6. 关系图边的标签

通过系列的 edgeLabel 属性可以设置关系图边的标签。edgeLabel 属性的值为 edgeLabel 对象，该对象的常用属性如表 4-19 所示。

表 4-19   edgeLabel 对象的常用属性

属性	说明
show	用于设置是否显示标签，默认值为 false，表示不显示，设为 true 表示显示
position	用于设置标签的位置，可选值为 start、middle（默认值）、end，分别表示标签位置在边的起始点、中点、结束点

设置关系图边标签的示例代码如下。

```
1 series: [
2   {
3     edgeLabel: {
4       show: true,
5       position: 'end'
6     }
7   }
8 ]
```

在上述示例代码中，第 3~6 行代码用于设置关系图边的标签为显示状态、标签位置在边的结束点。

 任 务 实 现

根据任务需求，基于《西游记》中人物关系绘制关系图，本任务的具体实现步骤如下。

① 创建 relation.html 文件，在该文件中创建基础 HTML5 文档结构并引入 echarts.js 文件。

② 定义一个指定了宽度和高度的父容器，具体代码如下。

```
1 <body>
2   <div id="main" style="width: 600px; height: 200px;"></div>
3 </body>
```

③ 在步骤②的第 2 行代码下方编写代码，初始化 ECharts 实例对象，准备配置项，将配置项设置给 ECharts 实例对象，具体代码如下。

```
1 <script>
2   var myChart = echarts.init(document.getElementById('main'));
3   var option = {};
4   option && myChart.setOption(option);
5 </script>
```

④ 在步骤③的第 2 行代码下方编写代码，根据表 4-15 中的数据定义关系图的数据，具体代码如下。

```
1 var data = [
2   {
```

```
3        name: '孙悟空',
4        x: 300,
5        y: 50,
6        value: '师徒'
7      },
8      {
9        name: '猪八戒',
10       x: 400,
11       y: 50,
12       value: '师徒'
13     },
14
15     {
16       name: '沙悟净',
17       x: 600,
18       y: 50,
19       value: '师徒'
20
21     },
22     {
23       name: '白龙马',
24       x: 700,
25       y: 50,
26       value: '坐骑'
27     },
28     {
29       name: '唐僧',
30       x: 500,
31       y: 150,
32       value: ''
33     }
34 ];
```

在上述代码中，第 2~7 行代码用于设置关系图节点数据，其中，第 3 行代码用于设置该节点名称为孙悟空，第 4~5 行代码用于设置该节点的位置，设置该节点的初始 x 值为 300、初始 y 值为 50，第 6 行代码用于设置数据项值为师徒。

⑤ 设置关系图的配置项，具体代码如下。

```
1 var option = {
2   series: [
3     {
4       type: 'graph',
5       data: data,
6       symbolSize: 70,
7       edgeSymbol: ['none', 'arrow'],
8       edgeSymbolSize: 10,
9       label: {
10        show: true
11      },
12      links: [
13        {
14          source: '唐僧',
15          target: '孙悟空'
16        },
17        {
18          source: '唐僧',
19          target: '猪八戒'
20        },
21        {
22          source: '唐僧',
23          target: '沙悟净'
24        },
25        {
26          source: '唐僧',
```

```
27          target: '白龙马'
28        }
29      ],
30      edgeLabel: {
31        show: true
32      }
33    }
34  ]
35 };
```

在上述代码中，第 6 行代码用于设置节点标记的大小为 70；第 7 行代码用于设置边两端的标记类型分别为不显示标记和箭头形标记；第 8 行代码用于设置边两端的标记大小为 10；第 9~11 行代码用于设置标签样式为显示状态；第 12~29 行代码用于设置节点间的关系数据，其中，第 13~16 行代码用于设置其中两个节点间的关系数据，第 14 行代码用于设置源节点名称为唐僧，第 15 行代码用于设置目标节点名称为孙悟空；第 30~32 行代码用于设置边的标签为显示状态。

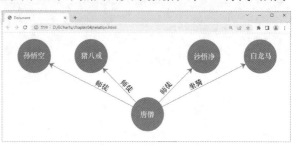

保存上述代码，在浏览器中打开 relation.html 文件，《西游记》中部分人物关系的关系图效果如图 4-11 所示。

从图 4-11 中可以看出，《西游记》中部分人物关系的关系图已经成功绘制。

图4-11   《西游记》中部分人物关系的关系图效果

本章小结

本章主要对雷达图、旭日图和关系图进行了详细讲解，并结合任务演示雷达图、旭日图和关系图的绘制。通过对本章的学习，读者可以对雷达图、旭日图和关系图的基本使用有一个整体的认识，能够根据不同的需求运用合适的图表进行数据可视化。

课后习题

一、填空题

1. 当系列的 type 属性值为_____时图表类型为基础雷达图。
2. radar 对象的_____属性用于设置雷达图中的指示器。
3. 旭日图中提供了_____属性用于设置旭日图中单击节点后的行为。
4. 关系图中提供了_____属性用于设置关系图的布局方式。
5. 关系图中提供了_____属性用于设置关系图中节点间的关系数据。

二、判断题

1. 在雷达图中使用 splitArea 属性设置坐标轴在绘图区域中的分隔区域。（   ）
2. 当系列的 type 属性值为 sunburst 时，图表类型为关系图。（   ）
3. 当使用系列的 data 属性定义旭日图所需数据时，data 属性的数据格式是树状的。（   ）
4. 通过系列的 data 属性定义关系图的数据时，x 用于定义节点的初始 x 值。（   ）
5. 在关系图中，可以通过 edgeSymbolSize 属性设置关系图边两端的标记类型。（   ）

三、选择题

1. 下列选项中，关于雷达图坐标系组件的说法正确的是（　　）。

A. 雷达图坐标系组件通过 radar 来实现

B. 雷达图坐标系有 x、y 轴

C. radar 对象的 center 属性用于设置雷达图的中心坐标，默认值为[0, '50%']

D. radar 对象的 shape 属性用于设置坐标系的起始角度

2. 下列选项中，关于雷达图中 indicator 对象的属性说法错误的是（　　）。

A. color 属性用于设置标签特定的颜色

B. name 属性用于设置指示器的名称

C. max 属性用于设置指示器的最大值

D. min 属性用于设置指示器的最小值，默认值为 2

3. 下列选项中，关于旭日图中 data 对象的常用属性的说法错误的是（　　）。

A. value 属性用于设置数据值

B. children 属性用于设置子节点中的数据

C. link 属性用于设置在何处打开链接文档

D. name 属性用于设置显示在扇形块中的描述性文字

4. 下列选项中，关于旭日图中 label 对象的属性说法错误的是（　　）。

A. position 属性用于设置标签的位置

B. rotate 属性用于设置文本标签的旋转角度

C. align 属性用于设置文字的对齐方式

D. borderRadius 属性用于设置旭日图的半径

5. 下列选项中，关于旭日图中 levels 对象的属性说法错误的是（　　）。

A. label 属性值为数组类型

B. radius 属性用于设置当前层的内半径和外半径

C. itemStyle 属性用于设置当前层每个扇形块的样式

D. label 属性用于设置当前层每个扇形块文本标签的样式

四、简答题

1. 请简述旭日图多层样式的设置方式。

2. 请简述雷达图坐标系组件的常用属性。

五、操作题

"书中自有黄金屋，书中自有颜如玉"，读书能够给予人知识和智慧。小明开了一家书店免费供学生借阅，以帮助学生树立正确的人生观、开阔眼界。小明整理了某日部分类目的图书的借阅情况，如表 4-20 所示。

表 4-20　图书的借阅情况（单位：本）

数据名	哲学类	政治类	法律类	经济类	军事类	文化类
借阅数量	9	21	16	25	14	13

请基于图书的借阅情况绘制雷达图。

第5章

仪表盘、漏斗图和折线树图

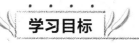
学习目标

知识目标	• 掌握仪表盘的相关配置，能够设置仪表盘的半径、轴线、刻度、分隔线等 • 掌握仪表盘的指针、指针固定点、刻度标签的使用方法，能够设置图表指针、指针固定点、刻度标签等。 • 掌握漏斗图样式的设置方法，能够设置漏斗图的数据排列顺序、漏斗图每部分的间距、漏斗图每部分的名称等 • 掌握漏斗图的文本标签和视觉引导线的使用方法，能够设置图表的文本标签和视觉引导线 • 掌握折线树图的使用方法，能够设置图表数据的定义和样式等
技能目标	• 掌握常见仪表盘的绘制，能够完成进度仪表盘和时钟仪表盘的绘制 • 掌握常见漏斗图的绘制，能够完成基础漏斗图和对比漏斗图的绘制 • 掌握常见折线树图的绘制，能够完成折线树图的绘制

　　仪表盘、漏斗图和折线树图都是常用的数据可视化图表。仪表盘可以让用户在一张图表上查看所关心的关键指标，并直观地了解目标是否达成；漏斗图则常用于展示一个过程或流程中每个关键步骤的转换率，以便发现流程中可能存在的问题；而折线树图用于展示某个总体数据中各个细分领域的表现趋势和关系。本章详细讲解仪表盘、漏斗图和折线树图的基本使用。

5.1 常见的仪表盘

　　使用仪表盘可以轻松展示用户的数据，并清晰地显示某个指标值所在的范围。另外，仪表盘也被称为拨号图表或速度图表，用于显示类似于速度计上的读数数据，是一种拟物化的展示形式。仪表盘可以同时展示不同维度的数据，但为了避免指针重叠影响数据显示，建议指针的数量不要超过 3 根。本节将对常见仪表盘的绘制方法进行详细讲解。

任务 5.1.1　绘制进度仪表盘

某公司正在开发一款游戏 App，晓月担任项目经理，负责把控项目的整体开发进度。当项目的整体开发进度超过 50% 后，晓月汇总了每项任务的实际完成进度，并将其整理成表格的形式。晓月想以进度仪表盘的形式查看项目的实际开发进度，从而直观地了解项目进展情况，并及时做出调整，以保证项目的顺利完成。项目实际进度如表 5-1 所示。

表 5-1　项目实际进度

工作内容	当前状态	每项任务的比重（%）	每项任务的实际完成进度（%）
需求调研	已完成	5	100
产品设计	已完成	20	100
UI 设计	已完成	25	100
前后端开发	正在进行	20	70
测试	未开始	20	0
上线	未开始	10	0

由表 5-1 可知，当前正在进行的工作是前后端开发，通过 5% + 20% + 25% + 20% × 70% 可得出项目的开发进度为 64%。

本任务需要基于项目实际进度绘制进度仪表盘。

1. 初识仪表盘

在 ECharts 中，一个简单的仪表盘主要由刻度标签、刻度线、分隔线、标题、详情、轴线、指针和指针固定点构成，如图 5-1 所示。

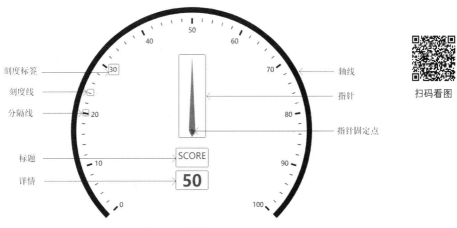

扫码看图

图5-1　仪表盘的构成

各组成部分的具体介绍如下。

- 刻度标签：用于表示仪表盘的刻度数值。

- 刻度线：用于表示仪表盘的刻度线。
- 分隔线：用于分隔仪表盘的刻度线，提高仪表盘的可读性和美观度。
- 标题：用于表示仪表盘的主要名称和概要信息。
- 详情：用于表示仪表盘的详细信息。
- 轴线：用于显示刻度线和标识数值范围。
- 指针：用于指示当前数值在仪表盘上的位置。
- 指针固定点：用于表示指针的根部。

在 ECharts 中绘制进度仪表盘时，需要将系列的 type 属性的值设置为 gauge，示例代码如下。

```
series: [
  {
    type: 'gauge'
  }
]
```

在上述示例代码中，type 属性值为 gauge，表示该系列图表类型为进度仪表盘。

2. 仪表盘的相关配置

ECharts 提供了一系列属性用于设置仪表盘的样式，例如，设置仪表盘的起始角度、结束角度、分隔线样式、指针样式、刻度样式等。设置仪表盘的常用属性如表 5-2 所示。

表 5-2　设置仪表盘的常用属性

属性	说明
radius	用于设置仪表盘的半径
name	用于设置系列名称，用于 tooltip 的显示、legend 的图例筛选，在 setOption()方法中更新数据和配置项时用于指定对应的系列
min	用于设置最小的数据值，默认值为 0
max	用于设置最大的数据值，默认值为 100
splitNumber	用于设置仪表盘刻度的分割段数，默认值为 10
axisLine	用于设置仪表盘轴线相关的配置
axisTick	用于设置仪表盘刻度样式
splitLine	用于设置仪表盘分隔线样式
detail	用于设置仪表盘详情，用于显示数据
startAngle	用于设置仪表盘起始角度，默认值为 225，单位为度
endAngle	用于设置仪表盘结束角度，默认值为-45，单位为度
title	用于设置仪表盘标题
itemStyle	用于设置仪表盘指针样式
data	用于设置仪表盘的数据内容，该数据内容是一个数组，每个数组元素可以为单个数值、数组或对象
clockwise	用于设置仪表盘刻度是否是顺时针增长，默认值为 true，表示顺时针增长
animation	用于设置是否开启动画，默认值为 true，表示开启动画，设为 false 表示关闭动画
animationEasingUpdate	用于设置数据更新动画的缓动效果
animationDurationUpdate	用于设置数据更新动画的时长，默认值为 300，单位为毫秒

由于表 5-2 中 radius、axisLine、axisTick、splitLine、detail、itemStyle、data 属性的使用相对比较复杂，接下来对这些属性进行详细讲解。

（1）radius 属性

radius 属性用于设置仪表盘的半径。radius 属性的值可以是相对于容器高宽中较小项的一半的百分比，也可以是像素值，默认值为 75%。

将仪表盘半径设置为百分比，示例代码如下。

```
radius: '20%'
```

在上述示例代码中，radius 属性值为百分比时需要使用引号将其括起。

将仪表盘半径设置为像素值，示例代码如下。

```
radius: 120
```

（2）axisLine 属性

axisLine 属性用于设置仪表盘轴线相关的配置。例如，设置仪表盘轴线的显示与隐藏、仪表盘两端的形状、仪表盘轴线的样式等。

axisLine 属性的值为 axisLine 对象，该对象的设置方式如下。

```
series: {
  axisLine: {}
}
```

仪表盘中 axisLine 对象的常用属性如表 5-3 所示。

表 5-3　仪表盘中 axisLine 对象的常用属性

属性	说明
show	用于设置是否显示仪表盘轴线，默认值为 true，表示显示，设为 false 表示不显示
roundCap	用于设置是否在两端显示成圆形，默认值为 false，表示不显示，设为 true 表示显示
lineStyle	用于设置仪表盘轴线样式，其值是一个对象类型的数据，包括轴线的颜色、宽度、类型等

表 5-3 中，lineStyle 属性的值为 lineStyle 对象，该对象的常用属性如表 5-4 所示。

表 5-4　lineStyle 对象的常用属性

属性	说明
color	用于设置轴线的颜色，默认值为#63677A
width	用于设置轴线的宽度
opacity	用于设置轴线的不透明度，默认值为 1，取值范围为[0, 1]，为 0 时不绘制该图形
shadowBlur	用于设置图形阴影的模糊大小
shadowColor	用于设置阴影的颜色
shadowOffsetX	用于设置阴影水平方向上的偏移距离
shadowOffsetY	用于设置阴影垂直方向上的偏移距离

表 5-4 中，color 属性用于设置仪表盘不同区段的轴线的颜色，每段的结束位置和颜色可以通过一个数组来表示。

使用 color 属性设置仪表盘不同区段的轴线的颜色，示例代码如下。

```
axisLine: {
  lineStyle: {
    color: [
      [0.1, 'red'],
```

```
        [0.2, 'green'],
        [0.3, 'blue']
    ]
  }
}
```

在上述示例代码中，0.1 表示第一段的结束位置为 10%，颜色区间为 0%～10%，'red' 表示颜色为红色；0.2 表示第二段的结束位置为 20%，颜色区间为 10%～20%，'green' 表示颜色为绿色；0.3 表示第三段的结束位置为 30%，颜色区间为 20%～30%，'blue' 表示颜色为蓝色。

（3）axisTick 属性

axisTick 属性用于设置仪表盘刻度样式，即短刻度线的样式。例如，设置仪表盘刻度的显示与隐藏、刻度的线长、刻度线与轴线的距离等。

axisTick 属性的值为 axisTick 对象，该对象的设置方式如下。

```
series: {
  axisTick: {}
}
```

仪表盘中 axisTick 对象的常用属性如表 5-5 所示。

表 5-5　仪表盘中 axisTick 对象的常用属性

属性	说明
show	用于设置是否显示刻度，默认值为 true，表示显示，设为 false 表示不显示
splitNumber	用于设置分隔线之间分割的刻度数，默认值为 5，单位为个
length	用于设置刻度线长，默认值为 6。支持相对半径的百分比
distance	用于设置刻度线与轴线的距离，默认值为 10
lineStyle	用于设置刻度线的样式，包括刻度线的颜色、宽度、类型等

表 5-5 中，仪表盘刻度中 lineStyle 属性的值为 lineStyle 对象，该对象的常用属性如表 5-6 所示。

表 5-6　lineStyle 对象的常用属性

属性	说明
color	用于设置刻度线的颜色，默认值为#63677A
width	用于设置刻度线的宽度
type	用于设置刻度线的类型，可选值有 solid（默认值）、dashed、dotted，分别表示实线、虚线、点线
cap	用于设置刻度线末端的绘制方式，可选值有 butt、round、square，分别表示线段末端以方形结束、线段末端以圆形结束、线段末端以方形结束（会增加一个宽度和线段宽度相同、高度是线段厚度一半的矩形区域）
join	用于设置两个长度不为 0 的相连部分的连接形状，可选值有 bevel（默认值）、round、miter，分别表示连接部分为三角形、扇形、菱形
opacity	用于设置刻度线的不透明度，默认值为 1，取值范围为[0, 1]，为 0 时不绘制该图形

设置仪表盘刻度样式的示例代码如下。

```
axisTick: {
  splitNumber: 10,
  lineStyle: {
    color: 'red',
    width: 2
  }
}
```

上述示例代码设置了仪表盘的刻度样式,包括设置仪表盘分隔线之间分割的刻度数为 10,设置刻度线的颜色为 red,宽度为 2。

上述示例代码对应的仪表盘刻度样式效果如图 5-2 所示。

(4)splitLine 属性

splitLine 属性用于设置仪表盘分隔线样式,即长刻度线的样式。例如,设置仪表盘分隔线的显示与隐藏、分隔线的线长、分隔线与轴线的距离等。

splitLine 属性的值为 splitLine 对象,仪表盘中 splitLine 对象的常用属性如表 5-7 所示。

图5-2 仪表盘刻度样式效果

表 5-7 仪表盘中 splitLine 对象的常用属性

属性	说明
show	用于设置是否显示仪表盘分隔线,默认值为 true,表示显示,设为 false 表示不显示
length	用于设置分隔线线长,默认值为 10。支持相对半径的百分比
distance	用于设置分隔线与轴线的距离,默认值为 10
lineStyle	用于设置分隔线的样式,包括分隔线的颜色、宽度、类型等

表 5-7 中,lineStyle 属性的值为 lineStyle 对象,该对象的常用属性与表 5-4 中的相同。设置仪表盘分隔线样式的示例代码如下。

```
splitLine: {
  length: 20,
  lineStyle: {
    color: 'red',
    width: 2
  }
}
```

上述示例代码设置分隔线线长为 20、分隔线的颜色为 red、宽度为 2。

上述示例代码对应的仪表盘分隔线样式效果如图 5-3 所示。

(5)detail 属性

detail 属性用于设置仪表盘详情。例如,设置仪表盘详情的显示与隐藏、文本颜色、文字字体的风格和大小等。

detail 属性的值为 detail 对象,该对象的常用属性如表 5-8 所示。

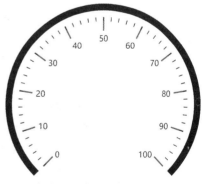

图5-3 仪表盘分隔线样式效果

表 5-8 detail 对象的常用属性

属性	说明
show	用于设置是否显示仪表盘详情,默认值为 true,表示显示,设为 false 表示不显示
color	用于设置文本颜色

续表

属性	说明
valueAnimation	用于设置是否开启标签的数字动画，默认值为 true，表示开启，设为 false 表示关闭
offsetCenter	用于设置中间值的位置，表示相对于仪表盘中心的偏移位置，数组第一项是水平方向的偏移距离，第二项是垂直方向的偏移距离。可以是像素值，也可以是相对于仪表盘半径的百分比，默认值为[0, '40%']
formatter	用于设置仪表盘详情的内容格式器
fontSize	用于设置文字的字体大小，默认值为 30
fontStyle	用于设置文字字体的风格，可选值有 normal（默认值）、italic、oblique，分别表示正常字体、斜体、倾斜
lineHeight	用于设置行高，默认值为 30

（6）itemStyle 属性

itemStyle 属性用于设置仪表盘指针样式，例如，设置指针的颜色、描边线宽、描边色、阴影、不透明度等。

itemStyle 属性的值为 itemStyle 对象，该对象的设置方式如下。

```
series: [
  {
    itemStyle: {}
  }
]
```

itemStyle 对象的常用属性如表 5-9 所示。

表 5-9　itemStyle 对象的常用属性

属性	说明
color	用于设置指针颜色
boderColor	用于设置指针的描边色，默认值为#000
borderWidth	用于设置指针的描边线宽，默认不描边
borderType	用于设置指针的描边类型，可选值有 solid（默认值）、dashed、dotted，分别表示实线、虚线、点线
borderDashOffset	用于设置虚线的偏移量
borderCap	用于设置指针线段末端的绘制方式，可选值有 butt（默认值）、round、square，分别表示线段末端以方形结束、线段末端以圆形结束、线段末端以方形结束（会增加一个宽度和线段宽度相同、高度是线段厚度一半的矩形区域）
borderJoin	用于设置两个长度不为 0 的相连部分的连接形状，可选值有 bevel（默认值）、round、miter，分别表示连接部分为三角形、扇形、菱形
opacity	用于设置指针的不透明度，支持从 0~1 的数字，为 0 时不绘制该图形
shadowBlur	用于设置图形阴影的模糊大小
shadowColor	用于设置阴影的颜色
shadowOffsetX	用于设置阴影水平方向上的偏移距离
shadowOffsetY	用于设置阴影垂直方向上的偏移距离

（7）data 属性

data 属性用于设置仪表盘数据内容，例如，设置仪表盘标题、仪表盘详情、数据项名称、数据值和数据项的指针样式等。

data 属性的值为 data 对象，该对象的常用属性如表 5-10 所示。

表 5-10 data 对象的常用属性

属性	说明
title	用于设置仪表盘标题
detail	用于设置仪表盘详情，用于显示数据，可以设置数据的字体大小、风格、粗细、行高、背景色等
name	用于设置数据项名称
value	用于设置数据值
itemStyle	用于设置数据项的指针样式

设置仪表盘多个指针样式的示例代码如下。

```
data: [
  {
    name: '进度1',
    title: {
      backgroundColor: 'pink',
      width: 60,
      height: 40,
      color: '#fff',
      offsetCenter: ['-20%', '95%']
    },
    itemStyle: {      // 指针的样式
      color: 'pink'   // 指针的颜色
    },
    value: 65,
    detail:{
      offsetCenter: ['5%', '-40%']
    },
  },
  {
    name: '进度2',
    value: 2,
    title: {
      backgroundColor: 'green',
      width: 60,
      height: 40,
      color: '#fff',
      offsetCenter: ['30%', '95%']
    },
    detail:{
      offsetCenter: ['-30%', '50%']
    },
    itemStyle: {
      color: 'green'
    }
  }
]
```

上述示例代码中，data 数组中包含两个对象，一个对象代表一个指针，对应的仪表盘多指针样式效果如图 5-4 所示。

图5-4   仪表盘多指针样式效果

 任 务 实 现

根据任务需求，基于项目实际进度绘制进度仪表盘，本任务的具体实现步骤如下。

① 创建 D:\ECharts\chapter05 目录，并使用 VS Code 编辑器打开该目录。

② 放入 echarts.js 文件。

③ 创建 gauge.html 文件，在该文件中创建基础 HTML5 文档结构并引入 echarts.js 文件。

④ 定义一个指定了宽度和高度的父容器，具体代码如下。

```
1  <body>
2    <div id="main" style="width: 500px; height: 500px;"></div>
3  </body>
```

⑤ 在步骤④的第 2 行代码下方编写代码，初始化 ECharts 实例对象，准备配置项，将配置项设置给 ECharts 实例对象，具体代码如下。

```
1  <script>
2    var myChart = echarts.init(document.getElementById('main'));
3    var option = {};
4    option && myChart.setOption(option);
5  </script>
```

⑥ 设置进度仪表盘的配置项和数据，具体代码如下。

```
1  var option = {
2    title: {
3      text: '项目实际进度(%)',
4      subtext: '仅供参考'
5    },
6    series: [
7      {
8        type: 'gauge',               // 仪表盘
9        max: 100,                    // 仪表盘数据最大值
10       splitNumber: '10',           // 仪表盘刻度的段数
11       axisLine: {
12         lineStyle: {
13           width: 30,               // 轴线宽度
14           color:[                  // 仪表盘的轴线可以被分成不同颜色的多段
15             [0.05, '#67e0e3'],     // 颜色区间为0%~5%
16             [0.25, '#37a2da'],     // 颜色区间为5%~25%
17             [0.5, '#58D9F9'],      // 颜色区间为25%~50%
18             [0.7, 'blue'],         // 颜色区间为50%~70%
19             [0.9, 'yellow'],       // 颜色区间为70%~90%
20             [1, '#fd666d']         // 颜色区间为90%~100%
```

```
21              ]
22          }
23      },
24      axisTick: {
25          show: false
26      },
27      splitLine: {
28          show: false
29      },
30      detail: {
31          valueAnimation: true,      // 是否开启标签的数字动画
32          offsetCenter: [0, '-30%'],
33          fontSize: 48,              // 文字的字体大小
34          formatter: '{value} %',
35      },
36      data: [
37          {
38              value: 64,             // 数据值
39              name: '实际进度（%）'      // 数据项的名称
40          }
41      ]
42      }
43  ]
44 };
```

在上述代码中，第 11~23 行代码用于设置仪表盘轴线相关的配置，其中，第 14~21 行代码设置不同的颜色区间分别对应项目的 6 个工作内容，即需求调研、产品设计、UI 设计、前后端开发、测试和上线，每项工作内容所占的区段范围根据项目整体进度安排进行划分；第 24~26 行代码用于设置仪表盘刻度为不显示状态；第 27~29 行代码用于设置仪表盘的分隔线为不显示状态；第 30~35 行代码用于设置仪表盘详情，其中，第 32 行代码设置仪表盘详情在水平方向不偏移，在垂直方向偏移-30%；第 36~41 行代码用于设置系列中的数据内容数组，数组元素为对象，其中，第 38 行代码用于设置整个项目的实际完成进度。

保存上述代码，在浏览器中打开 gauge.html 文件，项目实际进度的进度仪表盘效果如图 5-5 所示。

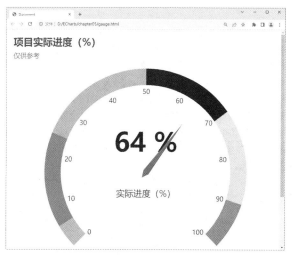

扫码看图

图5-5　项目实际进度的进度仪表盘效果

从图 5-5 中可以看出，体现项目实际进度的进度仪表盘已经绘制完成。通过该进度仪表盘可以直观地看出使用 6 种不同颜色的区块表示的每项任务，目前项目的实际开发进度是 64%。

任务 5.1.2　绘制时钟仪表盘

某公司组织了一场以"改变生活"为主题的 Web 前端应用创意挑战赛。通过比赛引导参赛队伍使用各类前端技术框架，围绕日常的学习和生活设计、开发一款应用程序。在初赛阶段，每个参赛队伍需要选择一名人员，以 PPT 的形式介绍他们的参赛作品。考虑到参赛队伍众多，为了避免浪费大家的时间，主办方为每个参赛队伍设定了介绍时间，参赛队伍在各自的介绍时间之前来到现场即可。为了便于把控介绍时间，主办方使用屏幕投影设备在中央大屏幕上显示电子时钟，用于提醒他们。

本任务需要使用时钟仪表盘实现电子时钟效果。

1. 仪表盘指针

仪表盘中提供了 pointer 属性用于设置仪表盘指针的相关配置，例如，设置仪表盘指针的显示与隐藏、指针长度、指针宽度、指针样式等。

pointer 属性的值为 pointer 对象，该对象的设置方式如下。

```
series: [
  {
    pointer: {}
  }
]
```

pointer 对象的常用属性如表 5-11 所示。

表 5-11　pointer 对象的常用属性

属性	说明
show	用于设置是否显示指针，默认值为 true，表示显示，设为 false 表示不显示
showAbove	用于设置指针是否显示在标题和仪表盘详情上方，默认值为 true，表示显示在标题和仪表盘详情上方，设为 false，表示显示在标题和仪表盘详情下方
icon	用于设置指针标记类型，支持的标记类型包括 circle、rect、roundRect、triangle、diamond、pin、arrow 和 none 等，表示的形状分别为圆形、矩形、圆角矩形、三角形、菱形、大头针形、箭头形和无等。如果不想用这些形状，还可以通过 image://url 的方式设置标记类型为图片，其中，url 为图片的链接或 dataURI，或者通过 path:// 的方式将其设置为任意的矢量路径
offsetCenter	用于设置指针相对于仪表盘中心的偏移位置，数组第一项是水平方向的偏移，第二项是垂直方向的偏移。可以是像素值，也可以是相对于仪表盘半径的百分比
length	用于设置指针长度，可以是像素值，也可以是相对于仪表盘半径的百分比
width	用于设置指针宽度
keepAspect	用于设置指针是否在缩放时保持宽高比，默认值为 false，表示指针在缩放时宽高比可以自由改变，设为 true，表示指针在缩放时会保持宽高比不变
itemStyle	用于设置指针样式

表 5-11 中，itemStyle 属性的值为 itemStyle 对象，它的用法参见表 5-9。

设置仪表盘指针样式的示例代码如下。

```
series: [
  {
    pointer: {
      width: 12,
      length: '55%',
      offsetCenter: [0, '8%'],
      itemStyle: {
        color: '#C0911F',
        shadowColor: 'rgba(0, 0, 0, 0.3)',
        shadowBlur: 8,
        shadowOffsetX: 2,
        shadowOffsetY: 4
      }
    }
  }
]
```

上述示例代码在 pointer 对象中设置了仪表盘指针的一系列样式，例如指针宽度、指针长度、相对于仪表盘中心的偏移位置、指针样式（颜色、阴影颜色、阴影的模糊大小、水平和垂直方向上的阴影偏移距离）。

上述示例代码对应的仪表盘指针效果如图 5-6 所示。

图 5-6 中，为指针添加了阴影效果，使得指针具有立体感。

2. 仪表盘指针固定点

通过系列的 anchor 属性可以对仪表盘指针固定点进行设置。例如，设置仪表盘指针固定点的显示与隐藏、固定点大小、固定点样式等。

图5-6　仪表盘指针效果

anchor 属性的值为 anchor 对象，该对象的设置方式如下。

```
series: [
  {
    anchor: {}
  }
]
```

anchor 对象的常用属性如表 5-12 所示。

表 5-12　anchor 对象的常用属性

属性	说明
show	用于设置是否显示固定点，默认值为 false，表示不显示，设为 true 表示显示
showAbove	用于设置固定点是否显示在指针上方，默认值为 false，表示不显示在指针上方，设为 true 表示显示在指针上方
size	用于设置固定点大小，默认值为 6
icon	用于设置固定点标记类型
offsetCenter	用于设置固定点相对于仪表盘中心的偏移位置，数组第一项是水平方向的偏移距离，第二项是垂直方向的偏移距离。可以是像素值，也可以是相对于仪表盘半径的百分比
keepAspect	用于设置固定点是否在缩放时保持宽高比，默认值为 false，表示固定点在缩放时宽高比可以自由改变，设为 true，表示固定点在缩放时会保持宽高比不变
itemStyle	用于设置固定点的样式

表 5-12 中，itemStyle 属性的值为 itemStyle 对象，它的用法参见表 5-9。

设置指针固定点样式的示例代码如下。

```
series: [
  {
    anchor: {
      show: true,
      showAbove: true,
      // 固定点的样式
      itemStyle: {
        color: 'rgba(255, 0, 0, 1)',
        shadowBlur: 4,
        shadowColor: 'rgba(130, 12, 12, 1)',
        shadowOffsetX: 2,
        shadowOffsetY: 4
      }
    }
  }
]
```

上述示例代码在 anchor 对象中设置了指针固定点的一系列样式，例如显示固定点、固定点显示在指针上方、固定点的样式（颜色、阴影颜色、阴影的模糊大小、水平和垂直方向上的阴影偏移距离）。

上述示例代码对应的仪表盘指针的固定点效果如图 5-7 所示。

图5-7　仪表盘指针的固定点效果

3. 仪表盘刻度标签

通过系列的 axisLabel 属性可以设置仪表盘刻度标签的样式。例如，设置仪表盘刻度标签的显示与隐藏、标签与刻度线的距离、文字的颜色等。

axisLabel 属性的值为 axisLabel 对象，该对象的设置如下。

```
series: [
  {
    axisLabel: {}
  }
]
```

扫码看图

axisLabel 对象的常用属性如表 5-13 所示。

表 5-13　axisLabel 对象的常用属性

属性	说明
show	用于设置是否显示刻度标签，默认值为 true，表示显示，设为 false 表示不显示
distance	用于设置标签与刻度线的距离，默认值为 15
color	用于设置刻度标签文字的颜色
formatter	用于设置刻度标签的内容格式器
fontStyle	用于设置文字字体的风格，可选值有 normal（默认值）、italic、oblique，分别表示正常字体、斜体、倾斜
fontWeight	用于设置文字字体的粗细
fontSize	用于设置文字的字体大小

设置仪表盘刻度标签的示例代码如下。

```
series: [
  {
    axisLabel: {
      fontSize: 30,
      distance: 25,
      formatter: function (value) {
        if (value === 0) {
          return '';
        }
```

```
        return value + '';
      }
    }
  }
]
```

上述示例代码在 axisLabel 对象中设置了仪表盘刻度标签的一系列样式，例如刻度标签文字的字体大小、标签与刻度线的距离、刻度标签的内容格式器。

上述示例代码对应的仪表盘刻度标签效果如图 5-8 所示。

图 5-8 中设置仪表盘刻度标签后不显示数值 0，标签与刻度线的距离增大了，刻度标签显示的字体变大了。

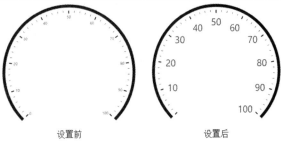

图5-8　仪表盘刻度标签效果

　任 务 实 现

根据任务需求，使用时钟仪表盘实现电子时钟效果，本任务的具体实现步骤如下。

① 创建 clock.html 文件，在该文件中创建基础 HTML5 文档结构并引入 echarts.js 文件。

② 定义一个指定了宽度和高度的父容器，具体代码如下。

```
1 <body>
2   <div id="main" style="width: 600px; height: 600px;"></div>
3 </body>
```

③ 在步骤②的第 2 行代码下方编写代码，初始化 ECharts 实例对象，准备配置项，将配置项设置给 ECharts 实例对象，具体代码如下。

```
1 <script>
2   var myChart = echarts.init(document.getElementById('main'));
3   var option = {};
4   option && myChart.setOption(option);
5 </script>
```

④ 在步骤③的第 2 行代码下方编写代码，设置标记类型为矢量图，具体代码如下。

```
1 var clockIcon = 'M532.8,70.8C532.8,70.8,532.8,70.8,532.8,70.8L532.8,70.8...';
2 var clockPoint = 'path://M2.9,0.7L2.9,0.7c1.4,0,2.6,1.2,2.6,2.6v115c0,1.4-1.2,
2.6-2.6,2.6l0,0c-1.4,0-2.6-1.2-2.6-2.6V3.3C0.3,1.9,1.4,0.7,2.9,0.7z';
```

在上述代码中，clockIcon 属性的值为一个 SVG 图标，考虑到篇幅问题，这里省略了一部分代码，读者可以在配套源码包中获取完整代码。

⑤ 设置时钟仪表盘的配置项，定义时针、分针和秒针 3 个系列，具体代码如下。

```
1 var option = {
2   title: {
3     text: '电子时钟'
4   },
5   series: [
6     {
7       name: 'hour',
8       type: 'gauge',
9       animation: false,
10      // 在步骤⑥实现
11    },
```

```
12    {
13      name: 'minute',
14      type: 'gauge',
15      animation: false,
16      // 在步骤⑦实现
17    },
18    {
19      name: 'second',
20      type: 'gauge',
21      animation: false,
22      // 在步骤⑧实现
23    }
24  ]
25 };
```

上述代码通过 type 属性设置了时钟系列、分针系列和秒针系列的图表类型为仪表盘，将 animation 属性的值设置为 false 表示关闭动画。

⑥ 设置时钟系列的配置项和数据，实现时钟效果，具体代码如下。

```
1  {
2    name: 'hour',                           // 系列名称
3    type: 'gauge',                          // 图表类型
4    animation: false,                       // 关闭动画
5    startAngle: 90,                         // 仪表盘起始角度
6    endAngle: -270,                         // 仪表盘结束角度
7    max: 12,                                // 最大的数据值为12
8    splitNumber: 12,                        // 仪表盘刻度的分割段数为12
9    axisLine: {
10     lineStyle: {
11       width: 15,                          // 轴线的宽度
12       color: [[1, 'rgba(0,0,0,0.7)']],    // 轴线的颜色
13       shadowColor: 'rgba(0, 0, 0, 0.5)',  // 轴线阴影的颜色
14       shadowBlur: 15                      // 轴线阴影的模糊大小
15     }
16   },
17   splitLine: {
18     lineStyle: {
19       shadowColor: 'rgba(0, 0, 0, 0.3)',  // 分隔线阴影的颜色
20       shadowBlur: 3,                      // 分隔线阴影的模糊大小
21       shadowOffsetX: 1,                   // 阴影水平方向上的偏移距离
22       shadowOffsetY: 2                    // 阴影垂直方向上的偏移距离
23     }
24   },
25   axisLabel: {
26     fontSize: 45,                         // 字体大小
27     distance: 20,                         // 标签与刻度线的距离
28     formatter: function (value) {         // 刻度标签的内容格式器
29       if (value === 0) {
30         return '';
31       }
32       return value + '';
33     }
34   },
35   anchor: {
36     show: true,                           // 显示固定点
37     icon: 'path://' + clockIcon,          // 固定点标记类型
38     showAbove: false,                     // 固定点显示在指针上面
39     offsetCenter: [0, '-35%'],            // 偏移位置
40     size: 120,                            // 固定点大小
```

```
41      keepAspect: true,                        // 缩放图像时保持图像的宽高比
42      itemStyle: {                             // 固定点样式
43        color: '#707177'                       // 固定点颜色
44      }
45    },
46    pointer: {
47      icon: 'path://' + clockPoint,            // 指针标记类型
48      width: 12,                               // 指针宽度
49      length: '55%',                           // 指针长度
50      offsetCenter: [0, '8%'],
51      itemStyle: {
52        color: '#C0911F',
53        shadowColor: 'rgba(0, 0, 0, 0.3)',
54        shadowBlur: 8,
55        shadowOffsetX: 2,
56        shadowOffsetY: 4
57      }
58    },
59    detail: {
60      show: false
61    },
62    title: {
63      offsetCenter: [0, '30%']
64    },
65    data: [
66      {
67        value: 0
68      }
69    ]
70 },
```

在上述代码中，第 9~16 行代码用于设置仪表盘轴线相关的配置；第 17~24 行代码用于设置仪表盘分隔线样式；第 25~34 行代码用于设置仪表盘刻度标签样式；第 35~45 行代码用于设置仪表盘指针的固定点样式；第 46~58 行代码用于设置仪表盘指针相关的配置；第 59~61 行代码用于设置仪表盘详情；第 62~64 行代码用于设置仪表盘标题样式；第 65~69 行代码用于设置时针系列的数据。

⑦ 设置分针系列的配置项和数据，实现分针效果，具体代码如下。

```
1  {
2    name: 'minute',
3    type: 'gauge',
4    animation: false,
5    startAngle: 90,
6    endAngle: -270,
7    max: 60,
8    axisLine: {
9      show: false
10   },
11   splitLine: {
12     show: false
13   },
14   axisTick: {
15     show: false
16   },
17   axisLabel: {
18     show: false
19   },
20   pointer: {
```

```
21      icon: 'path://' + clockPoint,
22      width: 8,
23      length: '70%',
24      offsetCenter: [0, '8%'],
25      itemStyle: {
26        color: '#C0911F',
27        shadowColor: 'rgba(0, 0, 0, 0.3)',
28        shadowBlur: 8,
29        shadowOffsetX: 2,
30        shadowOffsetY: 4
31      }
32    },
33    anchor: {
34      show: true,
35      size: 20,
36      showAbove: false,
37      itemStyle: {
38        borderWidth: 15,
39        borderColor: '#C0911F',
40        shadowColor: 'rgba(0, 0, 0, 0.3)',
41        shadowBlur: 8,
42        shadowOffsetX: 2,
43        shadowOffsetY: 4
44      }
45    },
46    detail: {
47      show: false
48    },
49    title: {
50      offsetCenter: ['0%', '-40%']
51    },
52    data: [
53      {
54        value: 0
55      }
56    ]
57 },
```

⑧ 设置秒针系列的配置项和数据,实现秒针效果,具体代码如下。

```
1  {
2    name: 'second',
3    type: 'gauge',
4    animation: false,
5    startAngle: 90,
6    endAngle: -270,
7    max: 60,
8    animationEasingUpdate: 'bounceOut',
9    axisLine: {
10     show: false
11   },
12   splitLine: {
13     show: false
14   },
15   axisTick: {
16     show: false
17   },
18   axisLabel: {
19     show: false
20   },
```

```
21  pointer: {
22    icon: 'path://' + clockPoint,
23    width: 4,
24    length: '85%',
25    offsetCenter: [0, '8%'],
26    itemStyle: {
27      color: '#C0911F',
28      shadowColor: 'rgba(0, 0, 0, 0.3)',
29      shadowBlur: 8,
30      shadowOffsetX: 2,
31      shadowOffsetY: 4
32    }
33  },
34  anchor: {
35    show: true,
36    size: 15,
37    showAbove: true,
38    itemStyle: {
39      color: '#C0911F',
40      shadowColor: 'rgba(0, 0, 0, 0.3)',
41      shadowBlur: 8,
42      shadowOffsetX: 2,
43      shadowOffsetY: 4
44    }
45  },
46  detail: {
47    show: false
48  },
49  title: {
50    offsetCenter: ['0%', '-40%']
51  },
52  data: [
53    {
54      value: 0
55    }
56  ]
57 }
```

保存上述代码，在浏览器中打开 clock.html 文件，电子时钟效果如图 5-9 所示。

图5-9　电子时钟效果

目前完成的电子时钟是静态的，不能实时更新。为了解决这个问题，下面使用定时器实现电子时钟实时更新效果。

⑨ 在步骤③的第 4 行代码上方编写代码，根据系统时间计算出时针、分针和秒针显示的数值，并设置定时器，具体代码如下。

```
1 var clockOption = function () {
2   var date = new Date();
3   var second = date.getSeconds();
4   var minute = date.getMinutes() + second / 60;
5   var hour = (date.getHours() % 12) + minute / 60;
6   option.animationDurationUpdate = 300;
7   return {
8     series: [
9       {
10        name: 'hour',
11        animation: hour !== 0,
12        data: [{ value: hour }]
13      },
14      {
15        name: 'minute',
16        animation: minute !== 0,
17        data: [{ value: minute }]
18      },
19      {
20        name: 'second',
21        animation: second !== 0,
22        data: [{ value: second }]
23      }
24    ]
25  };
26 };
27 var option2 = clockOption();
28 option.series[0].data = option2.series[0].data;
29 option.series[1].data = option2.series[1].data;
30 option.series[2].data = option2.series[2].data;
31 setInterval(function () {
32   myChart.setOption(clockOption());
33 }, 1000);
```

在上述代码中，第 1～26 行代码定义了一个 clockOption()方法，该方法用于返回一个包含 series 数据的配置对象。其中，第 2～5 行代码用于获取当前时间，并通过计算得到时针、分针和秒针应该显示的数值；第 6 行代码用于设置数据更新动画时长为 0.3s；第 8～24 行代码在 series 数组中定义了 3 个元素，分别对应时钟的时针、分针和秒针，并为它们定义了名称、是否显示动画和数据。

第 27 行代码用于调用 clockOption()方法，并将其返回值存储在变量 option2 中。第 28～30 行代码通过将 option2 的 series 数组中的数据赋值到 option 的 series 数组中，为时钟的时针、分针和秒针更新数据。

第 31～33 行代码使用 setInterval()方法定义了一个定时器，在该方法中调用 myChart.setOption(clockOption())方法来更新图表，并将新的配置项作为参数传递给该方法。setInterval()方法的第 2 个参数为 1000，表示每秒更新一次图表，以展示实时的时钟数据。

保存上述代码，在浏览器中运行 clock.html 文件，读者可以自行测试电子时钟是否可以实时更新。

5.2　常见的漏斗图和折线树图

漏斗图和折线树图是商业智能领域中常用的图表。通过漏斗图比较每个环节的业务数据，不仅可以直观地发现问题，还可以通过漏斗图分析过程中哪些环节存在问题。折线树图用于展示树形结构数据，节点的位置表示树形结构中节点的父子关系，节点的大小代表节点所占的数据比例。折线树图还具有良好的交互性，单击非叶子节点时，节点之后的子节点会被收缩隐藏。本节将对常见漏斗图和折线树图的绘制方法进行详细讲解。

任务 5.2.1　绘制基础漏斗图

 任务需求

在顾客线上购物时，商家可以通过观察商品从被浏览到被下单的整个过程来了解购物流程中各个环节的转化率，以便找出转化率较低的环节，从而进行优化和改进，提高整个购物流程的转化率。例如，某电商平台想要以基础漏斗图的形式展示从"浏览网站"到"完成交易"整个购物流程中的转化数据，以直观展示线上购物流程中各个环节的转化率。

购物流程中各个环节的转化率如表 5-14 所示。

表 5-14　购物流程中各个环节的转化率

环节	人数（人）	转化率（%）
浏览网站	1000	100
放入购物车	880	88
生成订单	600	60
支付订单	400	40
完成交易	250	25

本任务需要基于购物流程中各个环节的转化率绘制基础漏斗图。

 知识储备

1. 初识基础漏斗图

在 ECharts 中，一个简单的漏斗图主要由漏斗的颜色、形状、大小和位置等漏斗本身的图形元素，以及文本标签和视觉引导线等辅助元素构成，如图 5-10 所示。

在 ECharts 中绘制基础漏斗图时，需要将系列的 type 属性的值设置为 funnel，示例代码如下。

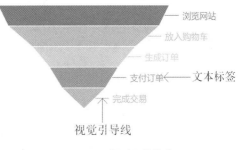

图5-10　漏斗图的构成

```
series: [
  {
    type: 'funnel'
  }
]
```

在上述示例代码中，type 属性值为 funnel，表示该系列图表类型为基础漏斗图。

2. 漏斗图的样式

ECharts 中提供了一系列属性用于设置漏斗图的样式，例如，漏斗图的数据排列顺序、漏斗图每部分的间距、漏斗图的样式等。

漏斗图的常用属性如表 5-15 所示。

表 5-15   漏斗图的常用属性

属性	说明
name	用于设置系列名称，即漏斗图的名称
orient	用于设置漏斗图的朝向，可选值有 vertical（默认值）、horizontal，分别表示纵向和横向
min	用于设置最小的数据值，默认值为 0
max	用于设置最大的数据值，默认值为 100
left	用于设置漏斗图组件离容器左侧的距离，默认值为 80
right	用于设置漏斗图组件离容器右侧的距离，默认值为 80
top	用于设置漏斗图组件离容器上侧的距离，默认值为 60
bottom	用于设置漏斗图组件离容器下侧的距离，默认值为 60
width	用于设置漏斗图组件的宽度。默认值为 auto，表示自适应
height	用于设置漏斗图组件的高度。默认值为 auto，表示自适应
minSize	用于设置最小数据值映射的宽度，默认值为 0%
maxSize	用于设置最大数据值映射的宽度，默认值为 100%
sort	用于设置漏斗图数据排列顺序，可选值有 descending（默认值）、ascending、none，分别表示降序排列、升序排列、按 data 顺序排列
gap	用于设置漏斗图每部分的间距
legendHoverLink	用于设置是否启用图例 hover 的联动高亮，默认值为 true，表示启用
funnelAlign	用于设置水平方向对齐布局类型，默认值为 center，表示居中对齐
itemStyle	用于设置漏斗图的样式
emphasis	用于设置漏斗图中图形和标签高亮的样式，如在鼠标移入或者图例联动时高亮
data	用于设置系列中的数据内容数组，每个数组元素可以为单个数值、数组或对象

表 5-15 中，minSize 和 maxSize 属性的值可以是像素值，也可以是相对布局宽度的百分比，minSize 属性的值可以取正数或负数，当设置为 100%时，底座显示为矩形。itemStyle 属性的值为 itemStyle 对象，它的用法参见表 5-9。

设置漏斗图的底座形状不为尖端三角形的示例代码如下。

```
minSize: '37%'
```

上述示例代码对应的漏斗图效果如图 5-11 所示。

图5-11   漏斗图效果

3. 漏斗图的文本标签样式

通过系列的 label 属性可以设置漏斗图的文本标签样式。例如，设置漏斗图文本标签的位置、标签的内容格式器、文字的颜色、文字字体的风格等。通过漏斗图的文本标签可以显示图形的一些数据信息，如值、名称等。

label 属性的值为 label 对象，该对象的常用属性如表 5-16 所示。

表 5-16　label 对象的常用属性

属性	说明
show	用于设置是否显示漏斗图的文本标签，默认值为 true，表示显示，设为 false 表示不显示
position	用于设置漏斗图文本标签的位置
formatter	用于设置漏斗图文本标签的内容格式器
color	用于设置文字的颜色
fontStyle	用于设置文字字体的风格，可选值有 normal（默认值）、italic、oblique
fontSize	用于设置文字的字体大小
fontWeight	用于设置文字字体的粗细，可选值有 normal（默认值）、bold、bolder、lighter，也可以设置为具体的数值

表 5-16 中，position 属性的可选值如下。

- outside：用于设置每部分文本标签名称显示在漏斗图梯形外部，为默认值。
- left：用于设置每部分文本标签名称显示在漏斗图左侧，orient 属性的值为 vertical 时有效。
- right：用于设置每部分文本标签名称显示在漏斗图右侧，orient 属性的值为 vertical 时有效。
- top：用于设置每部分文本标签名称显示在漏斗图上侧，orient 属性的值为 horizontal 时有效。
- bottom：用于设置每部分文本标签名称显示在漏斗图下侧，orient 属性的值为 horizontal 时有效。
- inside：用于设置每部分文本标签名称显示在漏斗图梯形内部。
- insideRight：用于设置每部分文本标签名称显示在漏斗图梯形内部右侧。
- insideLeft：用于设置每部分文本标签名称显示在漏斗图梯形内部左侧。
- leftTop：用于设置每部分文本标签名称显示在漏斗图左侧上部。
- leftBottom：用于设置每部分文本标签名称显示在漏斗图左侧下部。
- rightTop：用于设置每部分文本标签名称显示在漏斗图右侧上部。
- rightBottom：用于设置每部分文本标签名称显示在漏斗图右侧下部。

设置漏斗图文本标签样式的示例代码如下。

```
series: [
  {
    label: {
      position: 'inside',
      fontStyle: 'italic',
      fontWeight: 500,
      fontSize: 20
    }
  }
]
```

上述示例代码在 label 对象中设置了漏斗图每部分文本标签名称显示在漏斗图梯形内部、文字字体的风格、文字字体的粗细和文字的字体大小。

上述示例代码对应的漏斗图文本标签样式效果如图 5-12 所示。

图5-12　漏斗图文本标签样式效果

 任 务 实 现

根据任务需求，基于购物流程中各个环节的转化率绘制基础漏斗图，本任务的具体实现步骤如下。

① 创建 funnel.html 文件，在该文件中创建基础 HTML5 文档结构并引入 echarts.js 文件。

② 定义一个指定了宽度和高度的父容器，具体代码如下。

```
1  <body>
2    <div id="main" style="width: 800px; height: 600px;"></div>
3  </body>
```

③ 在步骤②的第 2 行代码下方编写代码，初始化 ECharts 实例对象，准备配置项，将配置项设置给 ECharts 实例对象，具体代码如下。

```
1  <script>
2    var myChart = echarts.init(document.getElementById('main'));
3    var option = {};
4    option && myChart.setOption(option);
5  </script>
```

④ 设置基础漏斗图的配置项和数据，具体代码如下。

```
1  var option = {
2    title: {
3      text: '购物流程中各个环节的转化率'
4    },
5    legend: {
6      bottom: 30
7    },
8    tooltip: {
9      trigger: 'item',
10     formatter: '{b} : {c}%'  // b表示数据项名，c表示其值
11   },
12   series: {
13     type: 'funnel',
14     label: {
15       position: 'inside',
16       formatter: '{b}'
17     },
18     data: [
19       { value: 100, name: '浏览网站' },
20       { value: 88,  name: '放入购物车' },
21       { value: 60,  name: '生成订单' },
```

```
22        { value: 40,  name: '支付订单' },
23        { value: 25,  name: '完成交易' }
24      ]
25    },
26 };
```

在上述代码中，第 13 行代码用于设置图表类型为漏斗图；第 14～17 行代码用于设置漏斗图每部分文本标签名称显示在漏斗图的内部；第 18～24 行代码用于设置每个数据项的名称和值，其中，value 属性的值表示转化率，name 属性的值表示所处的环节。

保存上述代码，在浏览器中打开 funnel.html 文件，购物流程中各个环节的转化率的基础漏斗图效果如图 5-13 所示。

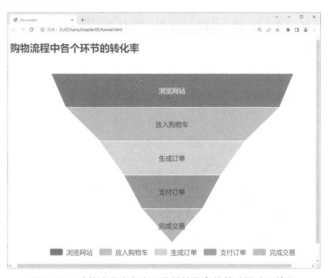

扫码看图

图5-13　购物流程中各个环节的转化率的基础漏斗图效果

购物流程中各个环节的转化率的基础漏斗图已经绘制完成。通过该基础漏斗图可以直观地看出从"浏览网站"到"完成交易"的各个环节的转化率。

当鼠标指针移入"放入购物车"环节时的漏斗图效果如图 5-14 所示。

扫码看图

图5-14　当鼠标指针移入"放入购物车"环节时的漏斗图效果

从图 5-14 中可以看出，当鼠标指针移入"放入购物车"环节时，会通过提示框显示当前环节的转化率。

任务 5.2.2　绘制对比漏斗图

在国庆节来临之际，某电商平台策划了一系列优惠活动，运营员小兰预估了购物流程各个环节的转化率。活动结束后，小兰结合实际数据，对客户在整个线上购物流程中的各个环节进行了实际转化率统计。为了更好地分析各个环节存在的问题，小兰想要以对比漏斗图的形式展示预期转化率和实际转化率的差异，帮助运营人员更好地了解客户的购物行为，进一步优化策略，提高转化率和客户满意度。购物流程中各个环节的预期与实际转化率如表 5-17 所示。

表 5-17　购物流程中各个环节的预期与实际转化率

环节	人数（人）	预期转化率（%）	实际转化率（%）
浏览网站	1000	100	80
放入购物车	880	88	50
生成订单	600	60	30
支付订单	400	40	10
完成交易	250	25	5

本任务需要基于购物流程中各个环节的预期与实际转化率绘制对比漏斗图。

1. 初识对比漏斗图

对比漏斗图是一种展示两个流程、过程、事件等在数量和比例上的差异的图表，通常用于对比两组数据在不同阶段的变化趋势，例如预期和实际转化率的比较。通过对比漏斗图的形式，可以更加清晰、直观地显示预期目标和实际结果之间的差异和变化趋势。

对比漏斗图的效果如图 5-15 所示。

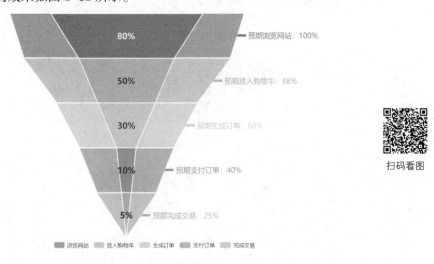

扫码看图

图5-15　对比漏斗图的效果

图 5-15 中，每部分图形上的浅色部分表示当前环节预期的转化率，中间深色部分表示当前环节实际的转化率，通过预期与实际转化率的对比可以看出数据的变化。

2. 漏斗图文本标签的视觉引导线

通过系列的 labelLine 属性可以设置漏斗图文本标签的视觉引导线。例如，设置视觉引导线的显示与隐藏、长度、样式等。需要注意的是，仅在 label 对象的 position 属性设置为 left 或 right 时才会显示视觉引导线。

labelLine 属性的值为 labelLine 对象，该对象的常用属性如表 5-18 所示。

表 5-18　labelLine 对象的常用属性

属性	说明
show	用于设置是否显示视觉引导线，默认值为 true，表示显示，设为 false 表示不显示
length	用于设置视觉引导线的长度
lineStyle	用于设置视觉引导线的样式

设置漏斗图文本标签视觉引导线的示例代码如下。

```
series: [
  {
    label: {
      position: 'right'
    },
    labelLine: {
      length: 20,
      lineStyle: {
        color: 'red',
        width: 2
      }
    }
  }
]
```

上述示例代码在 label 对象中设置了漏斗图每部分文本标签名称显示在漏斗图右侧；在 labelLine 对象中设置了视觉引导线的长度和视觉引导线的样式，颜色为 red，宽度为 2。

上述示例代码对应的漏斗图文本标签视觉引导线样式效果如图 5-16 所示。

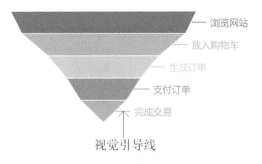

图5-16　漏斗图文本标签视觉引导线样式效果

 任 务 实 现

根据任务需求，基于购物流程中各个环节的预期与实际转化率绘制对比漏斗图，本任务的具体实现步骤如下。

① 创建 multiFunnel.html 文件，在该文件中创建基础 HTML5 文档结构并引入 echarts.js 文件。

② 定义一个指定了宽度和高度的父容器，具体代码如下。

```
1 <body>
2   <div id="main" style="width: 800px; height: 600px;"></div>
3 </body>
```

③ 在步骤②的第 2 行代码下方编写代码，初始化 ECharts 实例对象，准备配置项，将配置项设置给 ECharts 实例对象，具体代码如下。

```
1 <script>
2   var myChart = echarts.init(document.getElementById('main'));
3   var option = {};
4   option && myChart.setOption(option);
5 </script>
```

④ 设置对比漏斗图的配置项，定义预期转化率和实际转化率这两个系列，具体代码如下。

```
1 var option = {
2   title: {
3     text: '购物流程中各个环节的预期与实际转化率'
4   },
5   legend: {
6     bottom: 30
7   },
8   tooltip: {
9     trigger: 'item',
10    formatter: '{a} <br>{b} : {c}%'
11  },
12  series: [
13    {
14      name: '预期转化率',
15      type: 'funnel',
16      // 在步骤⑤实现
17    },
18    {
19      name: '实际转化率',
20      type: 'funnel',
21      // 在步骤⑥实现
22    }
23  ]
24 };
```

上述代码通过 type 属性设置了预期转化率系列和实际转化率系列的图表类型为漏斗图；第 13~17 行代码设置预期转化率系列的配置项和数据；第 18~22 行代码设置实际转化率系列的配置项和数据。

⑤ 设置预期转化率系列的配置项和数据，具体代码如下。

```
1 {
2   name: '预期转化率',
3   type: 'funnel',
4   left: '10%',
5   width: '65%',
6   gap: 2,
7   label: {
8     formatter: '预期{b}: {c}%',
9     fontSize: 16
```

```
10      },
11      itemStyle: {
12        opacity: 0.7
13      },
14      labelLine: {
15        length: 20,
16        lineStyle: {
17          width: 5
18        }
19      },
20      data: [
21        { value: 100, name: '浏览网站' },
22        { value: 88,  name: '放入购物车' },
23        { value: 60,  name: '生成订单' },
24        { value: 40,  name: '支付订单' },
25        { value: 25,  name: '完成交易' }
26      ]
27    },
```

在上述代码中，第 7～10 行代码用于设置漏斗图每部分的文本标签格式和字体大小，其中，文本标签的显示形式为"预期{数据项名}：{数据值}%"，各数据项的名称分别为浏览网站、放入购物车、生成订单、支付订单和完成交易，对应的数据值分别为 100、88、60、40 和 25；第 14～19 行代码用于设置文本标签的视觉引导线的长度为 20、宽度为 5；第 20～26 行代码用于设置漏斗图每部分的数据项名和数据值。

⑥ 设置实际转化率系列的配置项和数据，具体代码如下。

```
1   {
2       name: '实际转化率',
3       type: 'funnel',
4       left: '10%',
5       width: '65%',
6       maxSize:'65%',
7       label: {
8         position: 'inside',
9         formatter: '{c}%',
10        fontSize: 18,
11        fontWeight: 'bold'
12      },
13      itemStyle: {
14        opacity: 0.5,
15        borderColor: '#fff',
16        borderWidth: 2
17      },
18      labelLine: {
19        show: false
20      },
21      data: [
22        { value: 80, name: '浏览网站' },
23        { value: 50,  name: '放入购物车' },
24        { value: 30,  name: '生成订单' },
25        { value: 10,  name: '支付订单' },
26        { value: 5,  name: '完成交易' }
27      ]
28  }
```

上述代码的内容与步骤⑤代码的内容相似，此处不再赘述。

保存上述代码，在浏览器中打开 multiFunnel.html 文件，购物流程中各个环节的预期与实际转化率的对比漏斗图效果如图 5-17 所示。

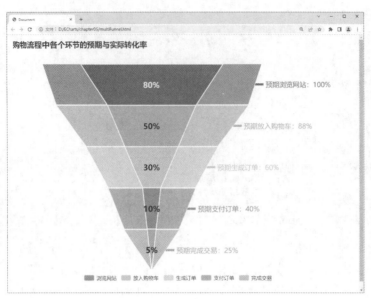

扫码看图

图5-17   购物流程中各个环节的预期与实际转化率的对比漏斗图效果

从图 5-17 中可以看出，购物流程中各个环节的预期与实际转化率的对比漏斗图已经绘制完成。在该对比漏斗图中，深色部分表示实际转化率，浅色部分表示预期转化率。从图中可以看出，每个环节的预期转化率均高于实际转化率。读者可以尝试将鼠标指针移入漏斗图的某部分，查看其实际转化率与预期转化率的具体数据。

任务 5.2.3   绘制折线树图

    任 务 需 求

小松是某汽车销售服务 4S 店的总经理，他率领人力资源部初步决定了公司的组织结构，并组织了高层研讨。随后，经过高管团队的多次修改和完善，最终确定了公司的组织结构。为了更好地呈现数据，小松想要以折线树图的形式展示公司组织结构。公司组织结构如表 5-19 所示。

表 5-19   公司组织结构

职位	上级	下级
总经理	无	职能总监
		服务总监
		市场总监
职能总监	总经理	人力资源部
		行政部
		财务部
服务总监	总经理	技术部
		客服部
		售后部
市场总监	总经理	企划部
		推广部
		广告部

本任务需要基于公司组织结构绘制折线树图。

 知 识 储 备

1. 初识折线树图

树图是信息可视化领域常用的一种图表类型，它可以用来展示层次结构数据，如产品销售额等。树图中每个矩形区域的大小可以按照数据所占比例来确定，更具有空间效率。此外，树图的颜色可以用来显示数据的分布，使数据更加直观、易懂。

折线树图是将折线图和树图结合的一种图表类型。在折线树图中，每个节点都有一条与之对应的折线，这些折线连接在一起形成了树状结构。每个节点对应的折线表示该节点对应的数值随着层次的变化而变化的情况，而节点的大小和颜色可以用来显示数据的大小和分布。

例如，使用折线树图展示支出明细，折线树图的效果如图 5-18 所示。

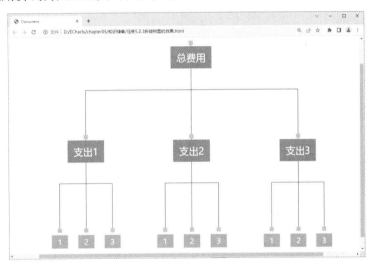

图5-18　折线树图的效果

其中，总费用表示整个支出的总额，支出 1、支出 2 和支出 3 表示支出的类别，每个支出类别下又细分为 1、2 和 3 等子节点。

在 ECharts 中绘制折线树图时，需要将系列的 type 属性的值设置为 tree，示例代码如下。

```
series: [
  {
    type: 'tree',
    edgeShape: 'polyline'
  }
]
```

上述示例代码中，type 属性值为 tree，表示该系列图表类型为树图，edgeShape 属性值为 polyline，表示该树图中连线的形状为折线。

2. 折线树图的实现

一张折线树图的实现通常分为数据定义和折线树图样式设置这两部分，下面对这两部分内容分别进行讲解。

（1）数据定义

折线树图的数据结构类似旭日图的，可以使用系列的 data 属性指定图表的内容。

折线树图中 data 属性的值为 data 对象，该对象的常用属性如表 5-20 所示。

表 5-20   data 对象的常用属性

属性	说明
name	用于设置子节点或根节点的名称，用来标识每一个节点
children	用于设置子节点，其格式同 data 属性的一致
collapsed	用于设置节点初始化是否折叠
value	用于设置节点的值，在 tooltip 属性中显示
itemStyle	用于设置节点的样式
lineStyle	用于设置节点对应的连线的样式
label	用于设置节点对应的文本标签
emphasis	用于设置节点的高亮状态
blur	用于设置节点的淡出状态
select	用于设置节点的选中状态
tooltip	用于设置本系列每个数据项中特定的提示框组件

设置折线树图中所需数据的示例代码如下。

```
var data1 = [
  {
    name: 'parent',
    children: [
      {
        name: 'child1',
        children: [
          { name: 'grandchild1' },
          { name: 'grandchild2' },
          { name: 'grandchild3' }
        ]
      },
      {
        name: 'child2',
        children: [
          { name: 'grandchild1' },
          { name: 'grandchild2' },
          { name: 'grandchild3' }
        ]
      },
      {
        name: 'child3',
        children: [
          { name: 'grandchild1' },
          { name: 'grandchild2' },
          { name: 'grandchild3' }
        ]
      }
    ]
  }
];
```

在上述示例代码中，根节点的名称为 parent，它的子节点包含 child1、child2 和 child3，每个子节点下又包含 grandchild1、grandchild2 和 grandchild3 节点。

（2）折线树图样式设置

ECharts 提供了一系列属性用于设置折线树图的样式。例如，设置折线树图布局的方向、节点标记的图形、节点标记的大小、节点的样式等。需要注意的是，折线树图的节点分为叶子节点和非叶子节点，一棵树当中没有分叉出子节点的节点称为叶子节点，相反，分叉出子节点的节点称为非叶子节点。若要对叶子节点的样式进行特殊配置，需要通过 leaves 属性进行。

折线树图的常用属性如表 5-21 所示。

表 5-21　折线树图的常用属性

属性	说明
name	用于设置系列名称，即树图每个节点的名称
left	用于设置树图组件离容器左侧的距离，默认值为 12%
right	用于设置树图组件离容器右侧的距离，默认值为 12%
top	用于设置树图组件离容器上侧的距离，默认值为 12%
bottom	用于设置树图组件离容器下侧的距离，默认值为 12%
width	用于设置树图组件的宽度
height	用于设置树图组件的高度
layout	用于设置树图的布局，可选值有 orthogonal（默认值）、radial，分别表示正交布局（水平方向）和径向布局（垂直方向）
orient	用于设置树图中正交布局的方向，仅当 layout 属性的值为 orthogonal 时生效。可选值有 LR（等同于 horizontal）、RL、TB（等同于 vertical）、BT，分别表示水平方向从左到右、水平方向从右到左、垂直方向从上到下、垂直方向从下到上
symbol	用于设置节点标记的图形
symbolSize	用于设置节点标记的大小，默认值为 7
edgeShape	用于设置树图水平方向布局中连线的形状，可选值有 curve（默认值）和 polyline，分别表示曲线和折线
label	用于设置每个节点所对应的文本标签的样式
lineStyle	用于设置树图连线的样式
leaves	用于设置叶子节点的特殊配置
select	用于设置选中状态的相关配置
itemStyle	用于设置树图中每个节点的样式
blur	用于设置淡出状态的相关配置
emphasis	用于设置树图中图形和标签高亮的样式
data	用于设置系列中的数据内容数组，每个数组元素可以为单个数值、数组或对象

表 5-21 中，symbol 属性的常见可选值有 emptyCircle（默认值）、pin、circle、rect、roundRect、triangle、diamond、arrow、none 等，表示节点标记的图形为空心圆、大头针形、圆形、矩形、圆角矩形、三角形、菱形、箭头形、无等。如果不想用这些形状，还可以直接使用图片的链接或者 dataURI 的方式将标记图形设置为图片。通过这种方式可以实现更为丰富的自定义标记图形。

lineStyle 属性的值为 lineStyle 对象，通过该对象可以设置树图中连线的 color（连线颜色）、

width（连线宽度）、curveness（连线的曲度）、shadowBlur（连线阴影的模糊度）、shadowColor（连线阴影的颜色）、shadowOffsetX（连线阴影的水平偏移量）、shadowOffsetY（连线阴影的垂直偏移量）等属性。

itemStyle 属性的值为 itemStyle 对象，该对象的常用属性参见表 5-9。

emphasis 属性的值为 emphasis 对象，该对象的常用属性参见表 3-7，其中，focus 属性有多个可选值，除了前文讲到的 none、self 和 series 外，还包括 ancestor（聚焦所有祖先节点）、descendant（聚焦所有子孙节点）和 relative（聚焦所有子孙和祖先节点）等可选值。

 任 务 实 现

根据任务需求，基于公司组织结构绘制折线树图，本任务的具体实现步骤如下。

① 创建 tree.html 文件，在该文件中创建基础 HTML5 文档结构并引入 echarts.js 文件。

② 定义一个指定了宽度和高度的父容器，具体代码如下。

```
1  <body>
2    <div id="main" style="width: 700px; height: 400px;"></div>
3  </body>
```

③ 在步骤②的第 2 行代码下方编写代码，初始化 ECharts 实例对象，准备配置项，将配置项设置给 ECharts 实例对象，具体代码如下。

```
1  <script>
2    var myChart = echarts.init(document.getElementById('main'));
3    var option = {};
4    option && myChart.setOption(option);
5  </script>
```

④ 在步骤③的第 2 行代码下方编写代码，根据表 5-19 中的数据定义折线树图的数据，具体代码如下。

```
1  var data = [
2    {
3      name: '总经理',
4      children: [
5        {
6          name: '职能总监',
7          children: [
8            { name: '人力资源部' },
9            { name: '行政部' },
10           { name: '财务部' }
11         ]
12       },
13       {
14         name: '服务总监',
15         children: [
16           { name: '技术部' },
17           { name: '客服部' },
18           { name: '售后部' }
19         ]
20       },
21       {
22         name: '市场总监',
23         children: [
24           { name: '企划部' },
25           { name: '推广部' },
```

```
26           { name: '广告部'}
27        ]
28      }
29    ]
30  }
31];
```

⑤ 设置折线树图的配置项，具体代码如下。

```
1  var option = {
2    title: {
3      text: '公司组织结构'
4    },
5    series: [
6      {
7        type: 'tree',
8        data: data,
9        edgeShape: 'polyline',
10       symbol: 'rect',
11       label: {
12         backgroundColor: '#28bf7e',
13         verticalAlign: 'middle',
14         padding: [10, 5],
15         distance: 20,
16         fontSize: 16,
17         color: '#fff'
18       },
19       leaves: {
20         label: {
21           backgroundColor: '#ff974c',
22           borderWidth: 1,
23           padding: [5, 20],
24           distance: 15,
25           fontSize: 12,
26           color: '#fff'
27         }
28       },
29       emphasis: {
30         focus: 'relative',
31         itemStyle: {
32           color: 'red'
33         }
34       }
35     }
36   ]
37 };
```

在上述代码中，第 11～18 行代码用于设置非叶子节点文本标签的背景色、对齐方式、内边距、节点距离图形元素的距离、字体大小和颜色；第 20～27 行代码用于设置叶子节点的背景色、连线的宽度、内边距、节点距离图形元素的距离、字体大小和颜色。

保存上述代码，在浏览器中打开 tree.html 文件，公司组织结构的折线树图效果如图 5-19 所示。

从图 5-19 中可以看出，公司组织结构的折线树图已经绘制完成。

鼠标指针移入"服务总监"节点时的折线树图效果如图 5-20 所示。

从图 5-20 中可以看出，当鼠标指针移入"服务总监"节点时，折线树图会显示当前节点的所有子孙和祖先节点。

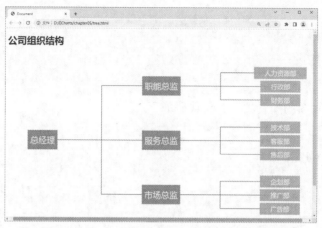

图5-19　公司组织结构的折线树图效果

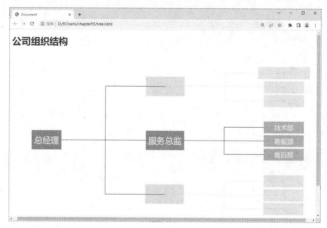

图5-20　鼠标指针移入"服务总监"节点时的折线树图效果

本章小结

　　本章主要对仪表盘、漏斗图和折线树图进行了详细讲解，首先讲解了常见仪表盘的绘制，包括绘制进度仪表盘和绘制时钟仪表盘；然后讲解了常见漏斗图和树图的绘制，包括绘制基础漏斗图、绘制对比漏斗图、绘制折线树图。通过对本章的学习，读者能够掌握常见仪表盘、漏斗图和折线树图的基本使用，能够根据实际需要使用合适的图表进行数据可视化。

课后习题

一、填空题

1. 在 ECharts 中使用仪表盘时，需将 type 属性的值设置为＿＿＿＿。
2. 通过＿＿＿＿属性可以设置仪表盘的半径。
3. 通过＿＿＿＿属性可以设置漏斗图的文本标签。
4. 通过＿＿＿＿属性可以设置漏斗图每部分的间距。
5. 通过＿＿＿＿属性可以设置树图的布局。

二、判断题

1. 通过 splitNumber 属性可以设置仪表盘刻度的分割段数。（　　　）
2. 仪表盘中将 clockwise 属性的值设置为 false，表示仪表盘刻度为顺时针增长。（　　　）
3. 通过 position 属性可以设置漏斗图的标签位置，默认值为 inside。（　　　）
4. 在 ECharts 中使用树图时，需要将 type 属性的值设为 tree。（　　　）
5. 通过 orient 属性可以设置漏斗图的朝向，默认为横向。（　　　）

三、选择题

1. 下列选项中，关于仪表盘常用属性的说法错误的是（　　　）。
A. axisLine 属性用于设置轴线相关的配置　　　B. axisTick 属性用于设置刻度样式
C. splitLine 属性用于设置分隔线样式　　　　　D. detail 属性用于设置仪表盘角度
2. 下列选项中，关于仪表盘 pointer 对象常用属性的说法错误的是（　　　）。
A. icon 属性用于设置指针标记类型
B. length 属性用于设置指针的长度
C. showAbove 属性用于设置指针是否显示在标题和仪表盘详情的下方
D. itemStyle 属性用于设置指针的样式
3. 下列选项中，关于漏斗图中每部分文本标签名称显示的位置的说法正确的是（　　　）。
A. position 属性的值为 outside 时，表示每部分文本标签名称显示在漏斗图梯形内部
B. position 属性的值为 rightTop 时，表示每部分文本标签名称显示在漏斗图左侧上部
C. position 属性的值为 insideRight 时，表示每部分文本标签名称显示在漏斗图内部右侧
D. position 属性的值为 leftTop 时，表示每部分文本标签名称显示在漏斗图右侧上部
4. 下列选项中，关于漏斗图常用属性的说法错误的是（　　　）。
A. legendHoverLink 属性用于设置是否启用图例 hover 的联动高亮，默认不启用
B. funnelAlign 属性用于设置水平方向对齐布局类型，默认居中对齐
C. left 属性用于设置漏斗图组件离容器左侧的距离
D. bottom 属性用于设置漏斗图组件离容器下侧的距离
5. 下列选项中，关于树图常用属性的说法错误的是（　　　）。
A. edgeShape 属性用于设置树图水平方向布局中边的形状，默认为折线
B. leaves 属性用于设置叶子节点的特殊配置
C. blur 属性用于设置淡出状态的相关配置
D. select 属性用于设置选中状态的相关配置

四、简答题

1. 请简述仪表盘半径的设置方式。
2. 请简述如何设置漏斗图文本标签的显示位置。

五、操作题

随着经济的发展，人民的生活水平显著提高，家用轿车逐渐走进千家万户。在日常的用车过程中，我们可以通过仪表盘上显示的信息了解车辆的状态。仪表盘上有很多指示灯，它们都有特殊的含义。如果有故障灯亮起，就代表车子的某部分出现了问题，如果不引起重视，很可能会引发严重的后果。驾驶员小何在行车过程中，自觉遵守交通法则，他在没有道路中心线的道路上以 40km/h 的速度行驶着，本题要求绘制一个速度仪表盘实时显示小何行车时的速度。

第6章

ECharts的高级使用（上）

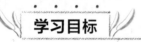
知识目标	• 掌握颜色主题的使用方法，能够设置全局颜色主题 • 掌握调色盘的使用方法，能够设置图形、系列的颜色 • 掌握自定义颜色主题的方法，能够根据需求快速生成配置文件并使用所定义的颜色主题 • 掌握坐标轴索引的使用方法，能够设置 x、y 轴的索引 • 掌握 x、y 轴偏移的设置方法，能够设置 x、y 轴相对于默认位置的偏移 • 掌握富文本标签的使用方法，能够设置文本标签样式 • 掌握多图表联动的设置方法，能够实现多图表联动
技能目标	• 掌握 ECharts 颜色主题的设置，能够更改颜色主题、自定义颜色主题 • 掌握图表混搭和多图表联动的设置，能够实现折线图和柱状图的混搭、柱状图和饼图的混搭、柱状图和饼图的联动

  学习完各种图表后，读者已经具备绘制简单图表的能力了，但是简单的图表无法满足实际开发中的复杂需求。为了更加灵活地使用图表，读者需要深入学习 ECharts 的高级使用，包括 ECharts 颜色主题、图表混搭和多图表联动等。本书将通过第 6 章和第 7 章讲解 ECharts 的高级使用，本章讲解上半部分的内容。

6.1　ECharts 颜色主题

  随着时代的进步，人们的对美学的认识发生了巨大的变化。对于网站来说，现在不仅要关注功能，还要重视界面的颜色、样式等。开发人员可以通过视觉效果设计和色彩搭配来传达所需表达的内容，这不仅有助于提高页面中信息的呈现效果和用户体验，还能为用户带来独特的视觉冲击。因此，在不同的场景中使用不同的颜色主题显得尤为重要。本节将对 ECharts 颜色主题进行详细讲解。

任务 6.1.1　更改图表颜色主题

任务需求

2022 年 9 月国家有关部门负责人介绍："经过多年发展，我国已成为世界能源生产第一大国，构建了多元清洁的能源供应体系，形成了横跨东西、纵贯南北、覆盖全国、连通海外的能源基础设施网络，有力保障了经济社会发展用能需求。"

为了更好地了解全年的用电情况，并为未来规划和管理电力资源提供方便，某县城对 2023 年的用电情况进行了统计。通过了解用电量情况，确定电力需求和供给之间的差距，并采取有针对性的措施，以确保全县电力供给的安全、稳定和高效。

为了更直观地展示全县 2023 年的用电情况，该县计划绘制一张圆环图。同时，由于 ECharts 默认的主题不够美观，他们希望更换一个更美观的主题。

该县城 2023 年用电情况如表 6-1 所示。

表 6-1　该县城 2023 年用电情况（单位：万千瓦时）

用电情况	城镇居民用电	乡村居民用电	工业用电
用电量	120	80	300

本任务需要基于某县城 2023 年用电情况绘制 vintage 主题的圆环图。

知识储备

1. 颜色主题

ECharts 提供了样式设置功能，可以让图表变得更加美观。虽然通过前面介绍的 itemStyle 属性和 emphasis 属性可以为图表设置样式，但是这些属性只能为当前图表设置样式，如果想为所有图表设置相同的样式，就需要重复编写样式代码，造成代码冗余。为了解决这个问题，ECharts 提供了颜色主题功能。通过颜色主题功能可以使特定主题下的一系列可视化图表遵循相同的配色方案，帮助开发者实现图表样式的全局统一。例如，当设置 dark 主题时，所有图表都会采用深色的配色方案。

通过 ECharts 官方网站可以查阅 ECharts 中的颜色主题，具体步骤如下。

① 使用浏览器访问 ECharts 官方网站，在一级导航栏中单击"下载"，找到下拉列表中的"主题下载"，如图 6-1 所示。

图6-1　ECharts官方网站

② 单击"主题下载"，跳转到"主题下载"页面，如图 6-2 所示。

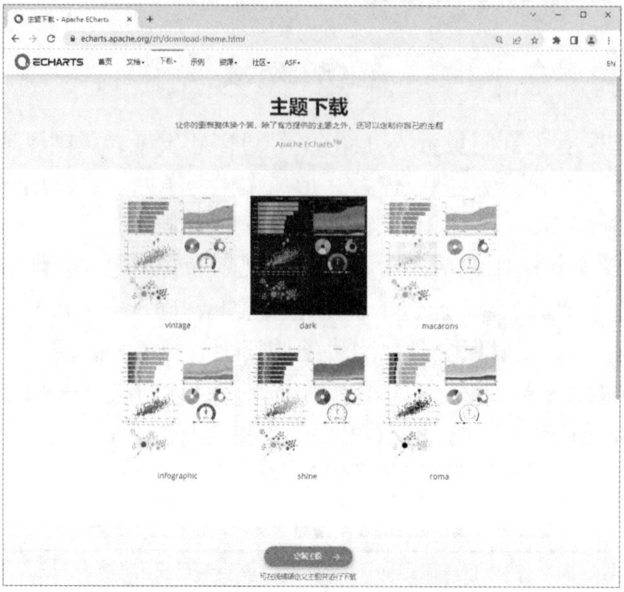

图6-2 "主题下载"页面

从图 6-2 中可以看出，ECharts 官方网站提供了"vintage"（复古）、"dark"（深色）、"macarons"（马卡龙）、"infographic"（信息图表）、"shine"（明亮）和"roma"（罗马）等颜色主题。在这些主题中，"dark"主题是 ECharts 内置的，可以直接使用，其他主题则需要下载主题文件并引用后才能使用。

至此，颜色主题的查找已完成。

接下来以 macarons 主题为例，演示如何使用主题。主题的使用步骤包括下载主题文件、引用主题文件和指定主题名称等，具体步骤如下。

① 下载主题文件。单击图 6-2 中"macarons"主题名称上方对应的主题图片，下载一个名称为 macarons.js 的文件，将 macarons.js 文件保存在 D:\ECharts\chapter06 目录下。

② 引用主题文件。创建 D:\ECharts\chapter06\theme.html 文件，在文件中创建基础 HTML5 文档结构。

③ 在<head>标签中引入 echarts.js、macarons.js 文件，具体代码如下。

```
1 <script src="./echarts.js"></script>
2 <script src="./macarons.js"></script>
```

④ 指定主题名称。在<body>标签中编写如下代码。

```
1 <div id="main" style="width: 600px; height: 300px;"></div>
2 <script>
3  var myChart = echarts.init(document.getElementById('main'), 'macarons');
4  var option = {
5   title: {
6    text: '用户在直播电商消费中遇到的问题'
7   },
8   series: [
9    {
10     type: 'pie',
11     radius: 75,
```

```
12        data: [
13          { value: 30, name: '价格误导' },
14          { value: 40, name: '虚假宣传' },
15          { value: 32, name: '产品质量差' }
16        ],
17        label: {
18          formatter: '{b} ({d}%)'
19        }
20      }
21    ]
22  };
23  option && myChart.setOption(option);
24 </script>
```

在上述代码中，第 1 行代码用于定义一个指定了宽度和高度的容器；第 3 行代码用于创建 ECharts 实例对象，调用 init()方法时，在第 2 个参数中指定所需引入的主题名称为 macarons；第 4～22 行代码用于设置图表的标题和系列，包含图表的类型为饼图、饼图的半径、饼图的数据和格式化饼图文本标签的内容；第 23 行代码将配置项设置给 ECharts 实例对象。

保存代码后，在浏览器中打开 theme.html 文件，macarons 主题的图表的页面效果如图 6-3 所示。

扫码看图

图6-3　macarons主题的图表的页面效果

接下来演示主题的切换。修改步骤④的第 3 行代码，切换成 dark 主题，具体代码如下。

```
var myChart = echarts.init(document.getElementById('main'), 'dark');
```

保存代码后，在浏览器中打开 theme.html 文件，dark 主题的图表的页面效果如图 6-4 所示。

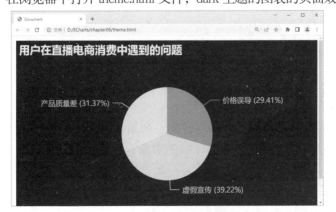

扫码看图

图6-4　dark主题的图表的页面效果

至此，成功将图表的颜色主题从 macarons 主题切换成 dark 主题。

2. 调色盘

在 ECharts 中，通过 option 对象的 color 属性可以设置调色盘的颜色列表。当通过 color 属性给定了一组颜色后，图形、系列可以自动从其中选择颜色。调色盘包括全局调色盘和局部调色盘，全局调色盘可以被所有系列使用，而局部调色盘是某个系列专属的调色盘。

color 属性的值为 color 数组，该数组的设置方式如下。

```
var option = {
// 全局调色盘
  color: [],
  series: [
    {
      // 局部调色盘
      color: []
    }
  ]
};
```

color 属性的默认值为['#5470c6', '#91cc75', '#fac858', '#ee6666', '#73c0de', '#3ba272', '#fc8452', '#9a60b4', '#ea7ccc']。

常见的 color 属性支持的颜色格式如下。

- 十六进制格式，例如#ccc。
- RGB 格式，例如 rgb(128, 128, 128)。
- RGBA 格式，例如 rgba(128, 128, 128, 0.5)。

任 务 实 现

根据任务需求，基于某县城 2023 年用电情况绘制 vintage 主题的圆环图，本任务的具体实现步骤如下。

① 创建 D:\ECharts\chapter06 目录，并使用 VS Code 编辑器打开该目录。

② 放入 echarts.js 文件。

③ 下载主题文件。在主题下载页面下载 vintage 主题，下载后得到一个名称为 vintage.js 的文件，将 vintage.js 文件保存在 D:\ECharts\chapter06 目录下。

④ 引用主题文件。创建 electricity.html 文件，在该文件中创建基础 HTML5 文档结构，在<head>标签中引入 echarts.js、vintage.js 文件，具体代码如下。

```
1  <script src="./echarts.js"></script>
2  <script src="./vintage.js"></script>
```

⑤ 定义一个指定了宽度和高度的父容器，具体代码如下。

```
1  <body>
2    <div id="main" style="width: 630px; height: 300px;"></div>
3  </body>
```

⑥ 在步骤⑤的第 2 行代码下方编写代码，初始化 ECharts 实例对象并指定主题名称，准备配置项，并将配置项设置给 ECharts 实例对象，指定主题名称，具体代码如下。

```
1  <script>
2    var myChart = echarts.init(document.getElementById('main'), 'vintage');
3    var option = {};
4    option && myChart.setOption(option);
5  </script>
```

⑦ 设置圆环图的配置项和数据，具体代码如下。

```
1  var option = {
2    title: {
3      text: '某县城2023年用电情况'
4    },
5    tooltip: {
6      trigger: 'item'
7    },
8    legend: {
9      right: 0,
10     orient: 'vertical'
11   },
12   series: [
13     {
14       type: 'pie',
15       radius: ['40%', '70%'],
16       data: [
17         { value: 120, name: '城镇居民用电' },
18         { value: 80, name: '乡村居民用电' },
19         { value: 300, name: '工业用电' }
20       ],
21       label: {
22         show: false,
23         position: 'center'
24       },
25       emphasis: {
26         label: {
27           show: true,
28           fontSize: 24,
29           fontWeight: 'bold'
30         }
31       }
32     }
33   ]
34 };
```

在上述代码中，第 12~33 行代码用于设置系列，其中，第 14 行代码用于设置图表类型为饼图，第 15 行代码用于设置饼图半径为['40%', '70%']，第 16~20 行代码用于设置饼图数据，第 21~24 行代码用于设置文本标签为隐藏状态和标签位置为中间，第 25~31 行代码用于设置高亮状态的扇区中标签为显示状态，字体大小为 24，字体为粗体。

保存上述代码，在浏览器中打开 electricity.html 文件，当鼠标指针移入工业用电模块时，某县城 2023 年用电情况的圆环图效果如图 6-5 所示。

扫码看图

图6-5　某县城2023年用电情况的圆环图效果

从图 6-5 中可以看出，某县城 2023 年用电情况的圆环图已经绘制完成。通过该圆环图可以很直观地看出该县城 2023 年的用电占比情况，例如，工业用电最多，乡村居民用电最少。

任务 6.1.2　自定义图表颜色主题

任 务 需 求

"千帆竞渡，百舸争流。"要让社会市场经济焕发活力，各行各业都需要进行公平竞争。而要实现公平竞争，各行各业需要建立相应的考核标准。电商行业虽然属于新兴行业，但它的考核标准十分全面，例如客流量、订单退货率等。某电商公司于经理希望绘制一张区域面积图来展示该电商公司的退货率，从而帮助公司决策者更好地了解该指标的变化趋势以及对业务的影响。

于经理整理了公司 1~5 月份的订单退货率，如表 6-2 所示。

表 6-2　公司 1~5 月份的订单退货率

订单情况	1 月	2 月	3 月	4 月	5 月
订单量（单）	1000	960	800	1200	1500
退货量（单）	100	90	50	60	15
订单退货率（%）	10	9.375	6.25	5	1

表 6-2 中，订单退货率的计算方式为"退货量÷订单量"。

本任务需要基于公司 1~5 月份的订单退货率绘制区域面积图。经理对默认区域面积图的颜色不满意，想要将颜色修改为#328bc5。为了满足这一需求，可以通过自定义颜色主题来实现。

知 识 储 备

自定义颜色主题

在 ECharts 中，除了可以使用图 6-2 中的颜色主题外，还可以自定义颜色主题。自定义颜色主题是通过主题构建工具来实现的。

使用主题构建工具可以根据不同需求快速生成主题配置文件，从而方便地进行定制化开发。例如，如果某个特定的应用场景需要特定的颜色搭配和风格设计，该工具可以快速帮助用户生成符合需求的主题配置文件，从而降低手动编写代码的时间成本和出现错误的概率，同时还拓宽了 ECharts 的使用范围并增强了其表现能力。

使用主题构建工具自定义颜色主题的步骤如下。

① 使用浏览器访问 ECharts 官方网站，在一级导航栏中单击"资源"，在下拉列表中找到"主题构建工具"，如图 6-6 所示。

② 单击"主题构建工具"，跳转到"主题编辑器"页面，如图 6-7 所示。

图 6-7 中，ECharts 提供了"功能""基本配置""视觉映射""坐标轴""图例""工具箱""提示框""时间轴""折线图""K 线图""力导图"等模块用于配置样式，配置形式非常丰富。

③ 单击"主题编辑器"页面左侧的各个模块，可以配置不同的样式，从而实现主题的个性化设置。读者按照项目需求进行主题的配置即可，不需要进行保存操作。

图6-6 ECharts官方网站

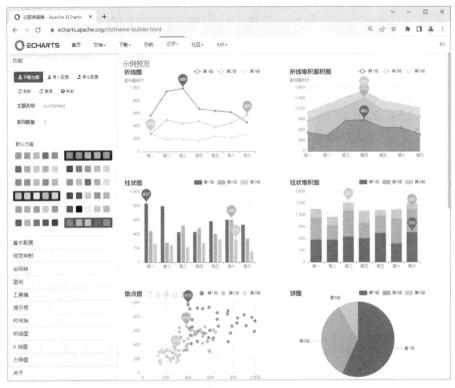

图6-7 "主题编辑器"页面

④ 自定义主题配置完成后，需要下载配置文件。在"主题编辑器"页面左侧，"功能"模块默认是展开的。单击"功能"模块下的"下载主题"按钮。"主题下载"页面如图 6-8 所示。

图 6-8 中，ECharts 提供了"JS 版本""JSON 版本"格式的文件，默认显示"JS 版本"的文件。在"下载"按钮的上方，ECharts 还提供了具体的使用说明。

单击"JS 版本"选项卡中的"下载"按钮，即可下载已经配置好的主题样式。在 HTML5 文档中使用该主题样式时，其使用步骤与 ECharts 官方提供的主题样式的使用步骤一致。

单击"JSON 版本"选项卡，"JSON 版本"主题文件的下载页面如图 6-9 所示。

图6-8 "主题下载"页面

图6-9 "JSON版本"主题文件的下载页面

图 6-9 中，ECharts 提供了"JSON 版本"格式的文件，并在"下载"按钮上方提供了具体使用步骤的说明。单击"下载"按钮即可下载已经配置好的主题样式。

 任 务 实 现

根据任务需求，基于公司 1~5 月份的订单退货率绘制自定义颜色主题的区域面积图，本任务的具体实现步骤如下。

① 使用浏览器访问 ECharts 官方网站，打开"主题编辑器"页面，单击左侧的"基本配置"模块，修改主题中第 1 个主题颜色为#328bc5，如图 6-10 所示。

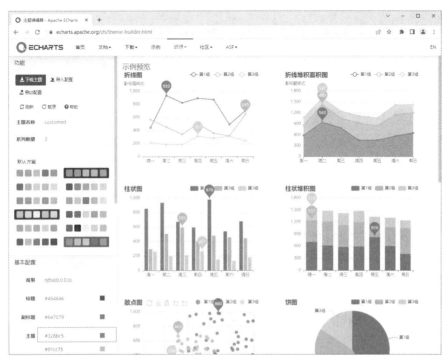

图6-10　修改第1个主题颜色为#328bc5

②　单击图 6-10 中"功能"模块中的"下载主题"按钮，打开"主题下载"页面。

③　单击"JS 版本"选项卡中的"下载"按钮，即可下载已经配置好的主题样式，下载的文件为 customed.js。将 customed.js 文件保存在 D:\ECharts\ chapter06 目录下。

④　创建 line.html 文件，在该文件中创建基础 HTML5 文档结构并引入 echarts.js、customed.js 文件。

⑤　定义一个指定了宽度和高度的父容器，具体代码如下。

```
1  <body>
2    <div id="main" style="width: 600px; height: 350px;"></div>
3  </body>
```

⑥　在步骤⑤的第 2 行代码下方编写代码，初始化 ECharts 实例对象，准备配置项，并将配置项设置给 ECharts 实例对象，具体代码如下。

```
1  <script>
2    var myChart = echarts.init(document.getElementById('main'), 'customed');
3    var option = {};
4    option && myChart.setOption(option);
5  </script>
```

⑦　设置区域面积图的配置项和数据，具体代码如下。

```
1  var option = {
2    title: {
3      text: '公司 1～5 月份的订单退货率'
4    },
5    xAxis: {
6      name: '时间',
7      type: 'category',
8      data: ['1月', '2月', '3月', '4月', '5月']
```

```
 9     },
10    yAxis: {
11      name: '订单退货率(%)',
12      type: 'value'
13    },
14    series: [
15      {
16        name: '订单退货率',
17        type: 'line',
18        data: [10, 9.375, 6.25, 5, 1],
19        areaStyle: {}
20      }
21    ]
22 };
```

针对上述代码的解释如下。

第 2～4 行代码用于设置折线图的标题为"公司 1～5 月份的订单退货率"。

第 5～9 行代码用于设置图表的 x 轴，其中，第 6 行代码设置 x 轴的名称为"时间"，第 7 行代码设置 x 轴的类型为类目轴。

第 10～13 行代码用于设置图表的 y 轴，其中，第 11 行代码设置 y 轴的名称为"订单退货率（%）"，第 12 行代码设置 y 轴的类型为数值轴。

第 14～21 行代码用于系列列表，其中，第 16 行代码用于设置系列名称为订单退货率，第 17 行代码用于设置图表类型为折线图，第 18 行代码用于设置折线图的数据，第 19 行代码用于设置图表类型为区域面积图。

保存上述代码，在浏览器中打开 line.html 文件，公司 1～5 月份的订单退货率的区域面积图效果如图 6-11 所示。

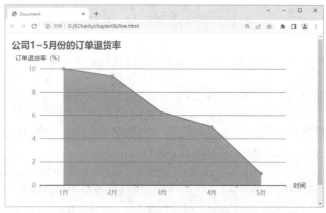

图6-11　公司1～5月份的订单退货率的区域面积图效果

从图 6-11 中可以看出，公司 1～5 月份的订单退货率的区域面积图已经绘制完成。通过该区域面积图可以很直观地看出公司 1～5 月份的订单退货率逐渐下降。同时，区域面积图颜色被设置为#328bc5，说明自定义颜色主题设置成功。

6.2　图表混搭和多图表联动

为了使图表更具表现力，可以使用混搭图表对数据进行展示。ECharts 支持任意图表的混搭，其中常见的图表混搭有折线图和柱状图的混搭、柱状图与饼图的混搭。当多个系列的数据之间存在极强的不可分离的关联性时，为了避免在同一直角坐标系内同时展现而产生混乱，需要使用联动的多图表对其进行展现。本节将对图表混搭和多图表联动进行详细讲解。

任务 6.2.1　折线图和柱状图的混搭

任 务 需 求

水是生命之源，人类社会的发展离不开水资源，而一个地区水资源的多少往往由该地区的干湿状况决定。一个地区的干湿状况与当地的降水量和蒸发量都有关系。如果降水量大于蒸发量，则气候湿润，多为湿润地区；如果降水量小于蒸发量，则气候干燥，多为干旱地区。科学家根据降水量与蒸发量的对比，将我国划分为湿润地区、半湿润地区、半干旱地区、干旱地区 4 种干湿地区类型。村支书小兰希望绘制一张折线图和柱状图的混搭图表来更好地展示某地区一年的降水量和蒸发量。

某地区一年的降水量和蒸发量如表 6-3 所示。

表 6-3　某地区一年的降水量和蒸发量（单位：毫米）

月份	降水量	蒸发量	月份	降水量	蒸发量
1 月	10	15	7 月	190	130
2 月	10	20	8 月	140	120
3 月	5	10	9 月	20	60
4 月	50	70	10 月	30	45
5 月	45	90	11 月	60	30
6 月	80	100	12 月	20	10

本任务需要基于某地区一年的降水量和蒸发量绘制双 y 轴的折线图和柱状图混搭图表。

知 识 储 备

1. 坐标轴的索引

在二维直角坐标系中，轴可以有多条。ECharts 中，单个 grid 对象最多只能设置两条 x 轴、两条 y 轴，分别显示在图表上下、左右。当在单张图表中存在多条 x 轴、y 轴的时候，需要使用坐标轴的索引。通过系列的 xAxisIndex、yAxisIndex 属性可以分别设置 x 轴、y 轴的索引。通过设置索引可以指定数据显示在哪条横、纵坐标轴。

例如，一张折线图中存在两条 y 轴，分别用于表示不同的类目数据，那么就可以使用 yAxisIndex 属性。此时，通过设置系列的 yAxisIndex 属性，可以选择将数据显示在具体的哪一条纵坐标轴上。yAxisIndex 属性值为 0 时表示将数据显示在第 1 条纵坐标轴上，yAxisIndex 属性值为 1 时表示将数据显示在第 2 条纵坐标轴上。

默认情况下，第 1 条纵坐标轴显示在图表的左侧，第 2 条纵坐标轴显示在图表的右侧，第 1 条横坐标轴显示在图表的下侧，第 2 条横坐标轴显示在图表的上侧。

设置坐标轴索引的示例代码如下。

```
1 series: [
2   {
```

```
3      yAxisIndex: 0,
4    },
5    {
6      yAxisIndex: 1
7    }
8  ]
```

在上述示例代码中，第 3 行代码将 yAxisIndex 属性的值设为 0，表示将数据显示在第 1 条纵坐标轴上，第 6 行代码将 yAxisIndex 属性的值设为 1，表示将数据显示在第 2 条纵坐标轴上。

2. *x*、*y* 轴的偏移

在 ECharts 中，当 *x*、*y* 轴的数量均大于两条时，为了避免同一位置多条轴重叠在一起，需要通过 xAxis、yAxis 对象的 offset 属性设置 *x*、*y* 轴的偏移。

设置 *x*、*y* 轴的偏移的示例代码如下。

```
1  xAxis: [
2    {
3      offset: 80
4    },
5  ],
6  yAxis: [
7    {
8      offset: 80
9    }
10 ]
```

在上述示例代码中，第 1~5 行代码用于设置 *x* 轴相对于默认位置的偏移量为 80，第 6~10 行代码用于设置 *y* 轴相对于默认位置的偏移量为 80。

 任 务 实 现

根据任务需求，基于某地区一年的降水量和蒸发量绘制双 *y* 轴的折线图和柱状图混搭图表，具体实现步骤如下。

① 创建 water.html 文件，在该文件中创建基础 HTML5 文档结构并引入 echarts.js 文件。

② 定义一个指定了宽度和高度的父容器，具体代码如下。

```
1  <body>
2    <div id="main" style="width: 700px; height: 400px;"></div>
3  </body>
```

③ 在步骤②的第 2 行代码下方编写代码，初始化 ECharts 实例对象，准备配置项，将配置项设置给 ECharts 实例对象，具体代码如下。

```
1  <script>
2    var myChart = echarts.init(document.getElementById('main'));
3    var option = {};
4    option && myChart.setOption(option);
5  </script>
```

④ 根据表 6-3 中的数据定义混搭图表的数据，具体代码如下。

```
1  var option = {
2    dataset: {
3      source: {
4        'time': ['1月', '2月', '3月', '4月', '5月', '6月', '7月', '8月', '9月', '10月', '11月', '12月'],
5        '降水量': [10, 10, 5, 50, 45, 80, 190, 140, 20, 30, 60, 20],
```

```
6        '蒸发量': [15, 20, 10, 70, 90, 100, 130, 120, 60, 45, 30, 10]
7      }
8    },
9  };
```

在上述代码中，第 2～8 行代码通过 dataset 属性设置数据集，通过 source 属性以对象的形式来定义数据。source 对象中有 3 个键值对，代表数据表中的 3 列：time 列、降水量列和蒸发量列。time 列存储了时间信息，降水量列存储了每个月的降水量数据，蒸发量列存储了每个月的蒸发量数据。

⑤ 设置混搭图表的配置项，在步骤④的第 8 行代码下方编写如下代码。

```
1  title: {
2    text: '某地区一年的降水量和蒸发量'
3  },
4  tooltip: {
5    trigger: 'axis',
6    axisPointer: {
7      type: 'cross'
8    }
9  },
10 legend: {
11   right: 0
12 },
13 xAxis: {
14   type: 'category'
15 },
16 yAxis: [
17   {
18     type: 'value',
19     name: '降水量（毫米）',
20     nameLocation: 'center',
21     nameGap: 40
22   },
23   {
24     type: 'value',
25     name: '蒸发量（毫米）',
26     nameLocation: 'center',
27     nameGap: 40
28   }
29 ],
30 series: [
31   {
32     name: '降水量',
33     type: 'bar'
34   },
35   {
36     name: '蒸发量',
37     type: 'line',
38     yAxisIndex: 1
39   }
40 ]
```

针对上述代码的解释如下。

第 1～3 行代码用于设置图表的标题为"某地区一年的降水量和蒸发量"。

第 4～9 行代码用于设置图表的提示框，其中，第 5 行代码用于设置提示框的触发类型为坐标轴触发，第 6～8 行代码用于设置坐标轴指示器类型为十字准星指示器。

第 10～12 行代码用于设置图例组件距离容器右侧的距离为 0。

第 13～15 行代码用于设置 x 轴，其中，第 14 行代码用于设置坐标轴类型为类目轴。

第 16～29 行代码用于设置 y 轴，通过数组来定义双 y 轴，其中，第 17～22 行代码用于设置第 1 条 y 轴，第 18 行代码用于设置坐标轴类型为数值轴，第 19 行代码用于设置坐标轴的名称为"降水量（毫米）"，第 20 行代码用于设置坐标轴名称居中显示，第 21 行代码设置坐标轴名称与轴线的距离为 40，第 23～28 行代码用于设置第 2 条 y 轴。

第 30～40 行代码用于设置图表的系列，type 属性的值分别为 bar、line，用于设置图表类型为柱状图和折线图，name 属性用于设置系列的名称，yAxisIndex 属性用于设置 y 轴的索引为 1。

保存上述代码，在浏览器中打开 water.html 文件，某地区一年的降水量和蒸发量的混搭图表效果如图 6-12 所示。

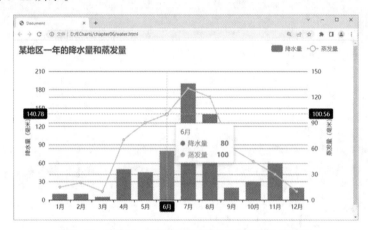

图6-12　某地区一年的降水量和蒸发量的混搭图表效果

从图 6-12 中可以看出，某地区一年的降水量和蒸发量的混搭图表已经绘制完成。通过该混搭图表可以很直观地看出某地区一年中各月的降水量和蒸发量，以及降水量和蒸发量的变化趋势。例如，6 月份的降水量为 80 毫米，蒸发量为 100 毫米。

任务 6.2.2　柱状图和饼图的混搭

 任 务 需 求

小亮是一位数据分析师，他所在的实习单位经常使用 ECharts 实现数据可视化，以便生成满足工作需求的图表。他希望绘制一张柱状图和饼图的混搭图表来展示 2023 年各图表使用次数和主题下载次数。各图表使用次数如表 6-4 所示。主题下载次数如表 6-5 所示。

表 6-4　各图表使用次数（单位：次）

图表	使用次数	图表	使用次数
漏斗图	20	雷达图	42
仪表盘	30	散点图	35
树图	10	柱状图	53
折线图	50	饼图	45

表 6-5　主题下载次数（单位：次）

主题	下载次数	主题	下载次数
深色主题	19	明亮主题	25
复古主题	41	信息图表主题	12
马卡龙主题	32	罗马主题	8

本任务需要基于各图表使用次数和主题下载次数绘制柱状图和饼图的混搭图表。

 知 识 储 备

富文本标签

在 ECharts 中，通过 label 属性可以设置旭日图的某个扇形块中文本标签的样式，如果想要为部分文本标签定义样式，则可以通过富文本标签来实现。

ECharts 3.7 开始支持富文本标签。富文本标签能够实现的效果如下。

● 定制文本块（文本标签）整体的样式（如背景、边框、阴影等）、位置、旋转等。

● 为文本块中的个别片段（文本标签中的部分文本）定义样式（如颜色、字体、宽高、背景、阴影等）、对齐方式等。

● 在文本中使用图片作为图标或者背景。

在 ECharts 中，通过 rich 属性定义富文本标签。使用 rich 属性可以在文本块整体或者文本块的个别片段中定义不同的样式。

rich 属性可以在系列的 label 属性或者系列的 data 对象的 label 属性中设置。rich 属性的值为 rich 对象，该对象的设置方式如下。

```
1  series: [
2    {
3      label: {
4        rich: {}
5      }
6    }
7  ]
```

需要注意的是，在使用 rich 属性时，需要在文本中使用 "{}" 括起样式名<style_name>和对应的文本内容。<style_name>属性的值为<style_name>对象，该对象的设置方式如下。

```
1  rich: {
2    <style_name>: {
3    }
4  }
```

此外，在 label.formatter 属性中，可以通过字符串数组来设置多个富文本标签，示例代码如下。

```
1  formatter: [
2    '{<style_name1>|文本内容 1}',
3    '{<style_name2>|文本内容 2}'
4  ]
```

在上述示例代码中，<style_name1>、<style_name2>为自定义的样式名称，用于在 rich 属性中定义样式；文本内容 1、文本内容 2 是指需要应用该样式的文本内容。

formatter 属性的值和 rich 对象的<style_name>属性的值须一致。<style_name>对象的常用属性如表 6-6 所示。

表 6-6   <style_name>对象的常用属性

属性	说明
color	用于设置文字的颜色，默认值为#fff
fontStyle	用于设置文字的字体风格，可选值有 normal（默认值）、italic、oblique
fontWeight	用于设置文字字体的粗细，可选值有 normal（默认值）、bold、bolder、lighter、100、200、300 等
fontFamily	用于设置文字的字体系列，可选值有 sans-serif（默认值）、serif、monospace、Arial 等
fontSize	用于设置文字的字体大小，默认值为 12
align	用于设置文字的水平对齐方式，可选值有 left（默认值）、center、right
verticalAlign	用于设置文字的垂直对齐方式，可选值有 top（默认值）、middle、bottom
lineHeight	用于设置行高，默认值为 12
backgroundColor	用于设置文字块背景颜色，可选值有 transparent（默认值）、颜色值（例如#123234、red、rgba(0,23,11,0.3)），也可以使用图片
borderColor	用于设置文字块边框颜色
borderWidth	用于设置文字块边框宽度，默认值为 0，表示不描边
borderType	用于设置文字块边框描边类型，可选值有 solid（默认值）、dashed、dotted
borderRadius	用于设置文字块的圆角，默认值为 0
padding	用于设置文字块的内边距，其值的类型为数字或数组，默认值为 0
textBorderColor	用于设置文字本身的描边颜色
textBorderWidth	用于设置文字本身的描边宽度

在旭日图中自定义富文本标签的示例代码如下。

```
1  series: [
2    {
3      type: 'sunburst',
4      label: {
5        formatter: ['{a|这段代码采用样式 a}'],
6        rich: {
7          a: {
8            color: 'red'
9          }
10       }
11     }
12   }
13 ]
```

在上述示例代码中，第 3 行代码用于设置图表类型为旭日图；第 4~11 行代码用于设置文本内容"这段代码采用样式 a"采用 a 样式，设置文字颜色为红色。

 任 务 实 现

根据任务需求，基于各图表使用次数和主题下载次数绘制柱状图和饼图的混搭图表，具体实现步骤如下。

① 创建 echarts.html 文件，在该文件中创建基础 HTML5 文档结构并引入 echarts.js 文件。
② 定义一个指定了宽度和高度的父容器，具体代码如下。

```
1  <body>
2    <div id="main" style="width: 1100px; height: 500px;"></div>
3  </body>
```

③ 在步骤②的第 2 行代码下方编写代码，初始化 ECharts 实例对象，准备配置项，并将配置项设置给 ECharts 实例对象，具体代码如下。

```
1 <script>
2   var myChart = echarts.init(document.getElementById('main'));
3   var option = {};
4   option && myChart.setOption(option);
5 </script>
```

④ 在步骤③的第 2 行代码下方编写代码，根据表 6-4 中的使用次数定义 x 轴的数据，具体代码如下。

```
var xDataArr = [20, 30, 10, 50, 42, 35, 53, 45];
```

⑤ 在步骤④的代码下方编写代码，根据表 6-4 中的图表类型定义柱状图 y 轴的数据，具体代码如下。

```
var yDataArr = ['漏斗图', '仪表盘', '树图', '折线图', '雷达图', '散点图', '柱状图', '饼图'];
```

⑥ 在步骤⑤的代码下方编写代码，根据表 6-5 中的数据定义饼图的数据，具体代码如下。

```
1 var pieDataArr = [
2   { value: 19, name: '深色主题' },
3   { value: 41, name: '复古主题' },
4   { value: 32, name: '马卡龙主题' },
5   { value: 25, name: '明亮主题' },
6   { value: 12, name: '信息图表主题' },
7   { value: 8, name: '罗马主题' }
8 ];
```

⑦ 设置混搭图表的配置项，具体代码如下。

```
1 var option = {
2   tooltip: {},
3   title: [
4     {
5       text: '各图表使用次数',
6       left: '25%',
7       textAlign: 'center'
8     },
9     {
10      text: '主题下载次数',
11      left: '75%',
12      textAlign: 'center'
13    }
14  ],
15  grid: [
16    {
17      top: '15%',
18      width: '50%',
19      left: 10,
20      height: '80%',
21      containLabel: true
22    }
23  ],
24  xAxis: {
25    name: '使用次数（次）',
26    nameLocation: 'center',
27    nameGap: 30,
```

```
28      type: 'value'
29    },
30    yAxis: {
31      name: '图表类型',
32      type: 'category',
33      data: yDataArr
34    },
35    series: [
36      {
37        data: xDataArr,
38        type: 'bar',
39        label: {
40          position: 'right',
41          show: true
42        },
43      },
44      {
45        type: 'pie',
46        radius: [0, '50%'],
47        data: pieDataArr,
48        top: '15%',
49        center: ['75%', '45%'],
50        label: {
51          formatter: '{b} ({d}%)'
52        }
53      }
54    ]
55  };
```

针对上述代码的解释如下。

第 2 行代码用于设置提示框。

第 3~14 行代码用于设置标题，其中，第 4~8 行代码用于设置柱状图的标题为"各图表使用次数"、标题距离容器左侧的距离为 25% 和水平对齐方式为居中对齐，第 9~13 行代码用于设置饼图的标题为"主题下载次数"、标题距离容器左侧的距离为 75% 和水平对齐方式为居中对齐。

第 15~23 行代码用于设置直角坐标系内绘图网格距离容器上侧的距离为 15%、宽度为 50%、距离容器左侧的距离为 10、高度为 80% 和网格区域中包含坐标轴的刻度标签。

第 24~29 行代码用于设置柱状图 x 轴的名称为"使用次数（次）"、坐标轴名称居中显示、坐标轴名称和轴线的距离为 30 和坐标轴类型为数值轴。

第 30~34 行代码用于设置柱状图 y 轴的名称为"图表类型"、坐标轴类型为类目轴和坐标轴的数据为步骤⑤中定义的数据。

第 35~54 行代码用于设置系列，数组中有两个对象，第 36~43 行代码用于设置图表数据为步骤④中定义的数据、图表类型为柱状图、文本标签为显示状态并且显示在右侧，第 44~53 行代码用于设置图表类型为饼图、饼图的半径为[0, '50%']、饼图的数据为步骤⑥中定义的数据、距离顶部的距离为 15%、饼图的中心坐标为['75%', '45%']、格式化饼图的文本标签内容。

保存上述代码，在浏览器中打开 echarts.html 文件，各图表使用次数和主题下载次数的混搭图表效果如图 6-13 所示。

从图 6-13 中可以看出，各图表使用次数和主题下载次数的混搭图表已经绘制完成。通过该混搭图表可以很直观地看出 ECharts 的使用情况，例如，柱状图使用的次数最多，复古主题的下载次数最多。

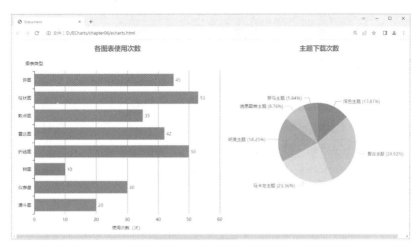

扫码看图

图6-13　各图表使用次数和主题下载次数的混搭图表

任务 6.2.3　柱状图和饼图的联动

任 务 需 求

南宋诗人赵师秀对江南夏季的印象是"黄梅时节家家雨，青草池塘处处蛙"；北宋政治家、文学家欧阳修对江南夏季的印象是"柳外轻雷池上雨，雨声滴碎荷声"。江南地理位置特殊，夏季高温、潮湿、多雨。因此，无论是古代还是现代，江南人都会在夏季选择各式各样的鲜花、盆栽来装饰，让人们在炎热的天气中也能享受到清凉。某公司调查了江南部分小镇 6 月份山茶花、玉兰花、玫瑰花的销售情况，并整理了销售数据。负责人小美希望绘制一张柱状图和饼图的联动图表来更好地展示 6 月份花卉的销售情况。

各小镇 6 月份花卉的销量如表 6-7 所示。

表 6-7　各小镇 6 月份花卉的销量（单位：支）

乡镇	山茶花	玉兰花	玫瑰花	总计
周庄镇	80	53	30	163
西塘镇	100	61	43	204
乌镇	60	42	36	138
南浔镇	105	70	29	204

当需要展示的数据比较多时，放在一张图表中进行展示的效果不佳，此时可以考虑使用两张图表进行联动展示。当鼠标指针移入饼图的某个扇区时，饼图中出现详情提示框显示相应扇区所对应花卉的数量及比例，同时柱状图中也会相应地出现详情提示框，显示对应小镇各种花卉的销售数据。

本任务需要基于各小镇 6 月份花卉的销量绘制柱状图和饼图的联动图表。

知 识 储 备

多图表联动

ECharts 提供了多图表联动功能，支持直角坐标系下提示框的联动。通过调用 echarts

对象的 connect()方法可以使多个图表实例对象实现联动。connect()方法的参数为分组 id 或者一个由多个需要联动的 ECharts 实例对象所组成的数组。下面分别进行讲解。

1. connect()方法参数为分组 id

如果要实现 myChart1 和 myChart2 两个 ECharts 实例对象的联动，需要将 ECharts 实例对象的 group 属性的值设置为相同的，例如 group1，然后通过调用 ECharts 对象中的 connect()方法，并将分组 id 设置为 group1 来连接它们。这样，这两个图表实例对象就可以成功联动。connect()方法参数为分组 id 时实现多图表联动的示例代码如下。

```
1  myChart1.group = 'group1'
2  myChart2.group = 'group1'
3  echarts.connect('group1');
```

在上述示例代码中，第 1~2 行代码分别给 myChart1、myChart2 设置了相同的分组 id，即 group1；第 3 行代码调用 echarts 对象的 connect()方法实现了多个具有相同分组 id 的 ECharts 实例对象的联动。

若想要解除已有的多图表联动，则可以调用 echarts 对象的 disConnect()方法来实现。该方法的参数为分组 id。解除多图表联动的示例代码如下。

```
echarts.disConnect('group1');
```

如果只需要解除某张图表的联动，可以将该图表实例的 group 属性的值设置为空，示例代码如下。

```
myChart1.group = '';
```

上述示例代码表示解除 myChart1 这个 ECharts 实例对象所对应的图表的联动。

2. connect()方法的参数为数组

与 connect()方法的参数为分组 id 不同，参数为数组时可以实现任意多个图表实例对象之间的联动，而不需要事先给它们分配好分组 id，这种方式更加灵活。

connect()方法的第一个参数为一个数组时，数组中的元素为需要被联动的图表实例对象。实现多图表联动的示例代码如下。

```
echarts.connect([myChart1, myChart2]);
```

上述示例代码通过 connect()方法将 myChart1 和 myChart2 实例对象联动。

 任 务 实 现

根据任务需求，基于各小镇 6 月份花卉的销量绘制柱状图和饼图的联动图表，具体实现步骤如下。

① 创建 D:\ECharts\chapter06\flower.html 文件，在该文件中创建基础 HTML5 文档结构并引入 echarts.js 文件。

② 定义两个指定了宽度和高度的父容器，分别为柱状图和饼图指定 DOM 大小，具体代码如下。

```
1  <body>
2    <div id="main1" style="width: 300px; height: 300px;"></div>
3    <div id="main2" style="width: 400px; height: 300px;"></div>
4  </body>
```

③ 在步骤②的第 2 行代码下方编写代码，初始化饼图的 ECharts 实例对象，准备配置项，并将配置项设置给 ECharts 实例对象，具体代码如下。

```
1 <script>
2   // 饼图
3   var myChart1 = echarts.init(document.getElementById('main1'));
4   var option1 = {};
5   myChart1.setOption(option1);
6 </script>
```

④ 在步骤③的第 3 行代码下方编写代码，根据表 6-7 中的数据定义饼图的数据，具体
代码如下。

```
1 var pieDataArr = [
2   { value: 163, name: '周庄镇' },
3   { value: 204, name: '西塘镇' },
4   { value: 138, name: '乌镇' },
5   { value: 204, name: '南浔镇' }
6 ];
```

⑤ 设置饼图的配置项，具体代码如下。

```
1 var option1 = {
2   title: {
3     text: '各小镇 6 月份花卉的销量'
4   },
5   tooltip: {
6     trigger: 'item',
7     formatter: '{b} : {c} ({d}%)'
8   },
9   legend: {
10     top: '10%'
11   },
12   series: [
13     {
14       type: 'pie',
15       radius: [0, '50%'],
16       data: pieDataArr ,
17       label: {
18         formatter: '{b} ({d}%)'
19       }
20     }
21   ]
22 };
```

在上述代码中，第 2～4 行代码设置饼图的标题为"各小镇 6 月份花卉的销量"；第 5～
8 行代码设置饼图提示框的触发类型为数据项元素触发，并对提示框浮层内容进行格式化；
第 9～11 行代码设置图例距离容器上侧的距离为 10%；第 12～21 行代码设置系列列表，其
中，第 14～16 行代码设置图表类型为饼图，并设置了饼图的半径和数据，第 17～19 行代
码用于格式化饼图文本标签的内容。

⑥ 在步骤③的第 5 行代码下方编写代码，初始化柱状图的 ECharts 实例对象，准备配
置项，将配置项设置给 ECharts 实例对象，具体代码如下。

```
1 // 柱状图
2 var myChart2 = echarts.init(document.getElementById('main2'));
3 var option2 = {};
4 myChart2.setOption(option2);
```

⑦ 修改步骤⑥的第 3 行代码，根据表 6-7 中的数据定义柱状图的数据，具体代码如下。

```
1 var option2 = {
2   dataset: {
3     source: {
4       'place': ['周庄镇', '西塘镇', '乌镇', '南浔镇'],
```

```
5        '山茶花': [80, 100, 60, 105],
6        '玉兰花': [53, 61, 42, 70],
7        '玫瑰花': [30, 43, 36, 29]
8      }
9    }
10 };
```

⑧ 设置柱状图的配置项，具体代码如下。

```
1  var option2 = {
2    原有代码……
3    title: {
4      text: '各小镇 6 月份花卉的销量'
5    },
6    tooltip: {
7      trigger: 'axis',
8      axisPointer: {
9        type: 'shadow'
10     }
11   },
12   legend: {
13     top: '10%'
14   },
15   grid: [
16     {
17       left: '10%',
18       right: '25%',
19       containLabel: true
20     },
21   ],
22   xAxis: [
23     {
24       type: 'category',
25       name: '小镇名称',
26       nameLocation: 'center',
27       nameGap: 30,
28       axisLabel: {
29         interval: 0
30       }
31     }
32   ],
33   yAxis: [
34     {
35       type: 'value',
36       name: '数量（支）',
37       nameGap: 40,
38       nameLocation: 'center'
39     }
40   ],
41   series: [
42     {
43       name: '山茶花',
44       type: 'bar',
45       stack: 'total',
46     },
47     {
48       name: '玉兰花',
49       type: 'bar',
50       stack: 'total',
51     },
```

```
52    {
53      name: '玫瑰花',
54      type: 'bar',
55      stack: 'total',
56    }
57  ]
58 };
```

针对上述代码的解释如下。

第 6～11 行代码设置柱状图的提示框触发类型为坐标轴触发、坐标轴指示器类型为阴影指示器。

第 12～14 行代码设置柱状图的图例距离容器上侧的距离为 10%。

第 15～21 行代码设置直角坐标系内绘图网格距离容器左侧的距离为 10%、距离容器右侧的距离为 25% 和网格区域中包含坐标轴的刻度标签。

第 22～32 行代码用于设置柱状图 x 轴的坐标轴类型为类目轴、坐标轴名称为 "小镇名称"、坐标轴名称居中显示、坐标轴名称与轴线的距离为 30 和坐标轴刻度标签的显示间隔为 0。

第 33～40 行代码用于设置柱状图 y 轴的坐标轴类型为数值轴、坐标轴名称为 "数量（支）"、坐标轴名称与轴线的距离为 40 和坐标轴名称居中显示。

第 41～57 行代码用于设置系列，通过 name 属性设置系列名称、type 属性设置图表类型、stack 属性设置数据堆叠。

⑨ 在 <head> 标签中设置两个图表的样式，让其显示在一行，示例代码如下。

```
1 <style>
2  body {
3    display: flex;
4  }
5 </style>
```

⑩ 在步骤⑥的第 4 行代码下方编写代码，实现饼图和柱状图的联动，具体代码如下。

```
echarts.connect([myChart1, myChart2]);
```

保存上述代码，在浏览器中打开 flower.html 文件，各小镇 6 月份花卉的销量的联动图表效果如图 6-14 所示。

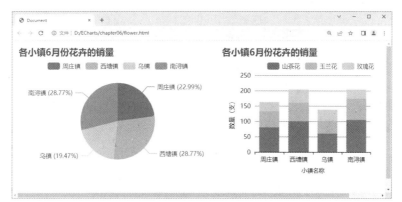

图6-14　各小镇6月份花卉的销量的联动图表

从图 6-14 中可以看出，各小镇 6 月份花卉的销量的联动图表已经绘制完成。通过该联动图表可以很直观地看出各小镇 6 月份花卉的销量。

当鼠标指针移入饼图中乌镇扇区时的图表效果如图 6-15 所示。

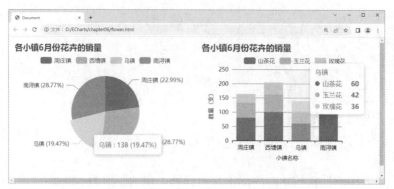

扫码看图

图6-15   当鼠标指针移入饼图中乌镇扇区时的图表效果

从图 6-15 中可以看出，当鼠标指针移入饼图中的乌镇扇区时，会显示该镇 6 月份销售的花卉总数量，同时柱状图中会显示出乌镇 6 月份各种花卉的销售数量。

本章小结

本章主要对颜色主题、图表混搭和多图表联动进行了详细讲解，首先讲解了 ECharts 颜色主题，包括更改图表颜色主题、自定义图表颜色主题；然后讲解了图表混搭和多图表联动，包括折线图和柱状图的混搭、柱状图和饼图的混搭、柱状图和饼图的联动。通过对本章的学习，读者可以对 ECharts 颜色主题、图表混搭和多图表联动有一个整体的认识，能够根据不同的实际需求运用合适的颜色主题和图表进行数据可视化。

课后习题

一、填空题

1. 通过_____功能可以使特定主题下的一系列可视化图表遵循相同的配色方案，帮助开发者实现图表样式的全局统一。
2. 通过 option 对象的_____属性可以设置调色盘的颜色列表。
3. 通过系列的_____属性可以设置 x 轴的索引。
4. 通过系列的_____属性可以设置 y 轴的索引。
5. xAxis 对象的_____属性用于设置 x 轴相对于默认位置的偏移量。

二、判断题

1. 设置颜色主题为 dark 时，全局样式会切换成深色模式。（   ）
2. option 对象的 color 属性只能设置系列专属的调色盘。（   ）
3. 在 ECharts 中只能设置官方提供的颜色主题。（   ）
4. 单个 grid 对象最多只能放置两条 x、两条 y 轴。（   ）
5. 可以通过 nameTextStyle 属性来设置坐标轴名称的文本样式。（   ）

三、选择题

1. 下列选项中，用于指定颜色主题名称的方法是（   ）。

A. init()   B. setOption()   C. connect()   D. disConnect()

2. 下列选项中，关于富文本标签的说法错误的是（　　）。

A. rich 属性用于自定义文本片段样式

B. <style_name>对象的 color 属性用于设置文字的颜色

C. <style_name>对象的 align 属性用于设置文字的行高

D. name 属性用于设置显示在扇形块中的描述性文字

3. 下列选项中，用于实现多图表实例联动的方法是（　　）。

A. disConnect()　　　　　B. init()　　　　　C. connect()　　　　　D. secOption()

4. 下列选项中，属于使用颜色主题的步骤的有（　　）。（多选）

A. 下载主题文件　　　　　　　　　　B. 引用主题文件

C. 指定主题名称　　　　　　　　　　D. 设置图表的配置项

四、简答题

请简述实现多图表联动的方法。

五、操作题

小云在一家电商公司工作，负责整理各类产品的销售数据。通过图表的形式展示数据可以帮助小云更快地完成工作任务。一周内各类产品的销售数据如表 6-8 所示。

表 6-8　销售数据（单位：件）

星期	毛衣	衬衫	羽绒服	夹克	卫衣
周一	10	6	12	6	12
周二	3	14	15	9	6
周三	12	8	6	10	7
周四	3	9	14	12	9
周五	7	16	1	5	5
周六	13	19	7	1	20
周日	15	15	19	6	17

请根据销售数据绘制折线图和饼图的联动图表。

第**7**章

ECharts的高级使用（下）

••••

学习目标

知识目标	• 了解事件的概念，能够说出事件的 3 要素 • 掌握鼠标事件的使用方法，能够实现单击、双击、鼠标指针移入、鼠标指针移出等效果 • 掌握图表自适应的设置方法，能够使用 resize() 方法实现图表的自适应效果 • 掌握行为事件的使用方法，能够根据组件交互行为灵活运用相应的事件 • 掌握代码触发 ECharts 中组件的行为的设置方法，能够调用 dispatchAction() 方法模拟触发图表的某些行为 • 掌握 Live Server 扩展的设置方法，能够创建本地服务器来预览网页 • 掌握异步加载数据的设置方法，能够通过 Ajax 操作方法加载图表数据 • 掌握加载动画的使用方法，能够设置加载动画的显示或隐藏 • 掌握增量动画的使用方法，能够通过 setOption() 方法实现数据改变的动画效果 • 掌握动画配置的相关方法，能够使用动画的相关属性设置图表初始动画效果和数据更新动画效果
技能目标	• 掌握事件与行为的使用方法，能够根据不同需求使用鼠标事件、行为事件 • 掌握数据异步加载的设置方法与动画的使用方法，能够异步加载图表的数据，并为图表设置动画

通过对第 6 章的学习，大家应该已经掌握了 ECharts 主题样式的设置，以及图表混搭和多图表联动，可以实现复杂动态数据可视化和多图表联动效果。接下来，本章将继续讲解 ECharts 中的高级使用，如事件与行为、数据异步加载与动画等内容。通过对本章的学习，读者可以实现更加复杂的图表交互效果。

7.1 事件与行为

在 ECharts 中，事件与行为是紧密相关的。事件是指用户在交互过程中触发的各种操作，如单击、移动等，这些操作可以被 ECharts 的各种组件感知并响应。而行为是 ECharts 为了响应事件而采取的相应动作，例如可以在地图上选定一个区域后，将该区域高亮显示，这就是一个行为。ECharts 中事件分为两种类型：一种是用户鼠标操作的事件，另一种是用户在使用可以交互的组件后触发的行为事件。本节将详细讲解 ECharts 中的事件与行为。

任务 7.1.1　鼠标事件

任 务 需 求

小芳是一家糖果店的老板，主要销售不同品牌和口味的糖果。她想知道哪些糖果的销售额高，哪些糖果的销售利润低，通过分析这些数据，可以更好地了解店铺的运作状况，并对未来的营销策略做出更加准确的决策。为此，她统计了某月店铺中热销的 6 款产品的销量、产量和利润，如表 7-1 所示。

表 7-1　产品销量、产量和利润

产品	销量（kg）	产量（kg）	利润（元）
薄荷糖	90	110	1800
牛轧糖	20	40	2800
话梅糖	12	20	1000
榴莲糖	18	22	1000
橙子糖	20	25	1900
巧克力糖	45	50	3200

本任务需要完成以下内容。

① 根据表 7-1 中的数据绘制柱状图和折线图的混搭图表。

② 当单击不同产品的"销量""产量""利润"柱条后，会弹出对应的提示框，该提示框包含所在柱条的基本数据信息。

知 识 储 备

1. 事件概述

事件是用户或浏览器自身执行的某种动作，例如单击、鼠标指针经过等都属于事件。响应某个事件的函数称为事件处理函数，也可称为事件处理程序、事件句柄。

ECharts 中的事件有 3 个要素，分别是事件源、事件类型和事件处理函数，具体解释如下。

① 事件源：触发事件的元素。例如，用户鼠标操作事件的事件源通常是行为发生时鼠标指针焦点所在的图形区域。

② 事件类型：使图表产生交互效果的行为动作对应的事件种类。例如，单击事件的事件类型为 click。

③ 事件处理函数：事件触发后为了实现相应的图表交互效果而执行的代码。

在开发过程中，对于一个交互效果的实现，首先需要确定事件源，确定事件源后就可以获取这个元素；然后需要确定事件类型，为获取的元素注册该类型的事件；最后分析事件触发后，实现相应图表交互效果的逻辑，编写实现该逻辑的事件处理函数。

2. 用户鼠标操作事件

用户在页面中使用鼠标指针进行的一些操作所触发的事件，称为用户鼠标操作事件，简称为鼠标事件。ECharts 支持许多常见的鼠标事件，如表 7-2 所示。

表 7-2 中，在目标元素上单击后，会先后触发 mousedown 和 mouseup 事件，如果其中一个事件被取消，那么 click 事件就不会被触发；在目标元素上双击后，会触发 dbclick 事

件，如果直接或间接取消了 click 事件，那么 dbclick 事件也不会被触发。

表 7-2　常见的鼠标事件

事件类型	说明
click	在目标元素上，单击时触发，不能通过键盘触发
dbclick	在目标元素上，双击时触发
mouseup	在目标元素上，鼠标按键被释放时触发，不能通过键盘触发
mousedown	在目标元素上，鼠标按键（左键或右键）被按下时触发，不能通过键盘触发
mouseover	鼠标指针移入目标元素上方时触发，当前元素和其子元素都被触发
mousemove	鼠标指针在目标元素内部移动时不断触发，不能通过键盘触发
mouseout	鼠标指针移出目标元素上方时触发，当前元素和其子元素都被触发
globalout	鼠标指针移出整张图表时触发
contextmenu	右击目标元素时触发，即右击事件，此时会弹出一个快捷菜单

在 ECharts 中，所有的鼠标事件都包含一个参数 params。params 是一个包含单击图形的数据信息的对象，用于描述事件发生时的上下文信息，params 对象的基本属性如表 7-3 所示。

表 7-3　params 对象的基本属性

属性	说明
componentType	当前单击的图形元素所属的组件名称，可选值为 series、markLine、markPoint、timeLine 等
seriesType	系列类型，可选值为 line、bar、pie 等。当 componentType 属性的值为 series 时才有意义
seriesIndex	系列索引，系列在传入的 option.series 的 index 中。当 componentType 属性的值为 series 时才有意义
seriesName	系列名称，当 componentType 属性的值为 series 时才有意义
name	数据名、类目名
dataIndex	数据项索引，数据在传入的 data 数组的 index 中
data	传入的原始数据项
dataType	系列对应的数据类型，只在含有 nodeData（节点数据）和 edgeData（边数据）两种 data 的图表中有意义，此时，dataType 的值为 node（节点）或 edge（边），表示当前单击在 node 还是 edge 上。当图表中只有一种 data 时，dataType 无意义
value	传入的数据值
color	数据图形的颜色，当 componentType 属性的值为 series 时才有意义

表 7-3 列出了 params 对象的基本属性，其他图表可能会包含部分附加属性，例如饼图包含 percent 属性，表示百分比，具体介绍参见各个图表类型的回调函数的 params 对象。

若要监听鼠标事件，可以通过调用 ECharts 实例对象的 on()方法为目标元素绑定事件处理函数，从而实现鼠标事件的监听。

使用 on()方法监听鼠标事件的语法格式如下。

```
myChart.on(eventType, query, handler);
```

上述语法格式中，myChart 为 ECharts 实例对象，eventType 为监听的事件类型，如 click、mouseover、mousemove 等；query 表示触发事件的目标元素，可以是选择器字符串也可以是原生的 DOM 对象；handler 为绑定的事件处理函数。当 myChart 触发监听的事件时，事件处理函数就会被执行。

下面演示如何监听单击事件，示例代码如下。

```
myChart.on('click', function (params) {
  console.log(params);
});
```

上述示例代码通过 on()方法为 ECharts 实例对象 myChart 监听 click 事件，通过 console.log()方法输出鼠标事件的参数 params 的基本属性。

若想要取消已有的事件监听，则可以调用 ECharts 实例对象的 off()方法，off()方法的语法格式如下。

```
myChart.off(eventType, query, handler);
```

在上述语法格式中，eventType 为需要取消监听的事件类型，如 click、mouseover、mousemove 等；query 表示需要取消监听的目标元素，可以是选择器字符串也可以是原生的 DOM 对象；handler 为需要取消绑定的事件处理函数。

下面演示如何取消单击事件的监听，示例代码如下。

```
myChart.off('click');
```

在上述示例代码中，myChart 为 ECharts 实例对象，调用 off()方法取消单击事件的监听。

3. 图表自适应

ECharts 中的图表不具有自适应特性，即图表被初次渲染后不会随着浏览器窗口尺寸的变化而变化。若想使图表可以随浏览器窗口尺寸的改变而改变，则可以在 window 对象的 resize 事件处理函数中调用 ECharts 实例对象的 resize()方法。

下面演示如何实现图表的自适应效果，示例代码如下。

```
function handleResize() {
  myChart.resize();
}
window.addEventListener('resize', handleResize);
```

上述示例代码定义了一个函数 handleResize()用于处理 resize 事件，该函数调用了 ECharts 实例对象的 resize()方法，即 myChart.resize()，以便在浏览器窗口尺寸发生变化时，让图表的尺寸也随之变化。使用 window.addEventListener()方法对 resize 事件进行监听，并在触发事件时执行 handleResize()函数，将 resize 事件添加到 window 对象上，当窗口尺寸改变时，执行 handleResize()函数。

取消图表自适应效果的示例代码如下。

```
window.removeEventListener('resize', handleResize);
```

上述示例代码移除了之前添加在 window 对象上的 resize 事件的 handleResize()方法，调用该方法后，当浏览器窗口尺寸改变时，将不再执行 handleResize()函数，图表的尺寸也不会自适应地变化。

 任 务 实 现

根据任务需求，基于产品销量、产量和利润绘制柱状图和折线图的混搭图表，并实现提示框效果，本任务的具体实现步骤如下。

① 创建 D:\ECharts\chapter07 目录，并使用 VS Code 编辑器打开该目录。

② 放入 echarts.js 文件。

③ 创建 product.html 文件，在该文件中创建基础 HTML5 文档结构并引入 echarts.js 文件。

④ 定义一个指定了宽度和高度的父容器，具体代码如下。

```
1  <body>
2    <div id="main" style="width: auto; height: 500px;"></div>
3  </body>
```

上述代码将 div 元素的宽度设置为 auto，表示宽度是可变的，这是为后续实现图表的自适应效果做准备。

⑤ 在步骤④的第 2 行代码下方编写代码，初始化 ECharts 实例对象，准备配置项，将配置项设置给 ECharts 实例对象，具体代码如下。

```
1  <script>
2    var myChart = echarts.init(document.getElementById('main'));
3    var option = {};
4    option && myChart.setOption(option);
5  </script>
```

⑥ 设置柱状图和折线图的配置项和数据，具体代码如下。

```
1  var option = {
2    backgroundColor: 'rgba(128, 128, 128, 0.1)',
3    title: {
4      text: '产品销量、产量和利润',
5      left: 70,
6      top: 9
7    },
8    tooltip: {
9      trigger: 'item',
10     formatter: '{a}<br>{b}: {c}'
11   },
12   xAxis: {
13     name: '产品',
14   nameLocation: 'middle',
15   nameGap: 30,
16     type: 'category',
17     data: ['薄荷糖', '牛轧糖', '话梅糖', '榴莲糖', '橙子糖', '巧克力糖']
18   },
19   yAxis: [
20     {
21       name: '销量/产量（kg）',
22       axisLine: {
23         show: true
24       },
25       nameLocation: 'center',
26       nameGap: 50,
27       position: 'left'
28     },
29     {
30       name: '利润（元）',
31       axisLine: {
32         show: true
33       },
34       nameLocation: 'center',
35       nameGap: 50,
36       position: 'right'
37     }
38   ],
39   legend: { right: 0 },
40   series: [
41     {
42       name: '销量',
43       type: 'bar',
```

```
44        data: [90, 20, 12, 18, 20, 45],
45        label: {
46          show: true,
47          position: 'inside'
48        }
49      },
50      {
51        name: '产量',
52        type: 'bar',
53        data: [110, 40, 20, 22, 25, 50],
54        label: {
55          show: true,
56          position: 'inside'
57        }
58      },
59      {
60        name: '利润',
61        type: 'line',
62        yAxisIndex: 1,
63        data: [1800, 2800, 1000, 1000, 1900, 3200],
64        label: {
65          show: true,
66          position: 'top'
67        }
68      }
69    ]
70 };
```

在上述代码中，第 2 行代码用于设置图表的背景色；第 3~7 行代码用于设置标题组件的主标题和标题组件距离容器左侧和顶部的距离；第 8~11 行代码用于设置提示框组件的触发类型和显示形式，{a}表示系列名，{b}表示数据项名，{c}表示数据值；第 12~18 行代码用于设置 x 轴为类目轴；第 19~38 行代码用于设置 y 轴为数值轴，销量和产量使用同一条 y 轴，而利润使用单独的一条 y 轴；第 41~49 行代码用于设置销量系列，并设置图表类型为柱状图；第 50~58 行代码用于设置产量系列，设置图表类型为柱状图；第 59~68 行代码用于设置利润系列，设置图表类型为折线图。

保存上述代码，在浏览器中打开 product.html 文件，产品销量、产量和利润的柱状图和折线图的混搭图表效果如图 7-1 所示。

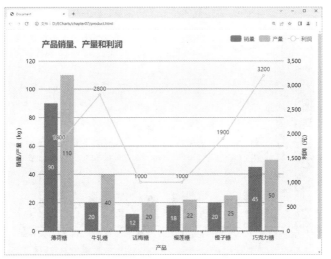

扫码看图

图7-1　产品销量、产量和利润的柱状图和折线图的混搭图表效果

　　从图 7-1 中可以看出，产品销量、产量和利润的柱状图和折线图的混搭图表已经绘制完成。

　　⑦　在步骤⑤的第 4 行代码下方编写代码，实现柱状图的自适应效果，具体代码如下。

```
1  function handleResize() {
2    myChart.resize();
3  }
4  window.addEventListener('resize', handleResize);
```

　　保存上述代码并运行 product.html 文件，读者可以调整浏览器窗口的大小，测试在浏览器窗口大小发生变化时柱状图和折线图混搭图表的效果。

　　⑧　在步骤⑦的第 4 行代码下方编写代码，实现单击不同产品的"销量"和"产量"柱条或"利润"的折线点时，弹出对应的提示框，该提示框包含所在柱条的基本数据信息，具体代码如下。

```
1  myChart.on('click', function (params) {
2    alert('第' + (params.dataIndex + 1) + '件产品: ' + params.name + '的' +
3      params.seriesName + '为: ' + params.value +
4      '\n 1--组件名称: ' + params.componentType +
5      '\n 2--系列类型: ' + params.seriesType +
6      '\n 3--系列索引: ' + params.seriesIndex +
7      '\n 4--系列名称: ' + params.seriesName +
8      '\n 5--类目名: ' + params.name +
9      '\n 6--数据项索引: ' + params.dataIndex +
10     '\n 7--数据项: ' + params.data +
11     '\n 8--数据类型: ' + params.dataType +
12     '\n 9--数据值: ' + params.value +
13     '\n 10--柱条的颜色: ' + params.color
14   );
15 });
```

　　上述代码用于设置单击的动画效果，其中第 2～14 行代码用于设置弹出的提示框的内容。

　　保存上述代码并运行 product.html 文件，单击榴莲糖所在的"产量"柱条，弹出提示框的效果如图 7-2 所示。

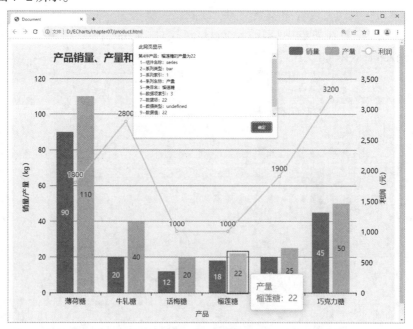

扫码看图

图7-2　弹出提示框的效果

在图 7-2 中单击线框区域，会弹出对应的榴莲糖的产量系列的相关内容，由于提示框中的内容较多，会自动出现滑块，为了帮助读者查看完整内容，这里给出了提示框中的全部内容，如图 7-3 所示。

从图 7-3 中可以看出，提示框中的内容包括榴莲糖所在的产量系列的组件名称、系列类型、系列索引、系列名称、类目名、数据项索引、数据项、数据类型、数据值和柱条的颜色。

图7-3　提示框中的全部内容

任务 7.1.2　行为事件

任 务 需 求

影响人类平均预期寿命的因素多样且复杂，包括气候环境、生活方式、遗传因素、社会因素和医疗条件等方面。某机构研究了某城市人均寿命的现状以及影响因素，并通过收集相应的样本，进一步分析了影响平均预期寿命的因素，提出了相应的建议，为日后的研究提供借鉴和参考。

影响健康、寿命的各类因素如表 7-4 所示。

表 7-4　影响健康、寿命的各类因素

气候环境	生活方式	遗传因素	社会因素	医疗条件
7%	60%	15%	10%	8%

本任务需要完成以下内容。

① 根据表 7-4 中的数据绘制饼图，展示不同因素的占比情况，在高亮显示的扇区上显示提示框组件。

② 鼠标指针未移入时，饼图自动循环高亮显示各扇区。

③ 鼠标指针移入时，取消自动循环高亮显示各扇区，只高亮显示鼠标指针移入的扇区。

④ 鼠标指针移出后，恢复自动循环高亮显示各扇区。

知 识 储 备

1. 组件交互的行为事件

在 ECharts 中，大多数组件交互行为都会触发相应的事件。通过监听不同的组件行为触发事件，可以实现各种交互操作，如选中一个数据项、改变图表的显示范围等。ECharts 支持多种行为事件，在组件、图表状态发生某种业务状态迁移时触发。常见的行为事件如表 7-5 所示。

表 7-5　常见的行为事件

事件类型	说明
legendselectchanged	当用户切换图例的选中状态时触发
legendselected	当用户选中某个图例时触发

事件类型	说明
legendunselected	当用户取消选中某个图例时触发
legendscroll	当图例滚动时触发
dataviewchanged	当用户在工具栏中修改数据视图时触发
magictypechanged	当用户在工具栏中切换动态类型时触发
restore	当用户执行重置操作后触发，可以利用 setOption() 方法重新绘制图表
rendered	当图表完成渲染后触发，可用于监听渲染完成事件并对图表进行后续操作
finished	当图表的动画或渐进渲染结束后触发，可用于监听动画完成事件并对图表进行后续操作

表 7-5 中，rendered 事件和 finished 事件都表示渲染完成事件，区别在于 rendered 事件在图表初次渲染完成后触发，表示图表的 DOM 元素已经渲染完毕，并且图表数据已经被成功渲染到指定的 DOM 元素中；而 finished 事件在图表交互（如用鼠标滚轮缩放、拖动等）完成后触发，表示图表的交互操作已经完成，并且图表数据已经被成功更新为最新状态。更多关于行为事件的内容请查阅官方文档。

例如，用户通过单击切换图例开关时，ECharts 中除了会触发 click 事件外，还会触发 legendselectchanged 行为事件。

下面演示如何监听用户单击切换图例开关时的行为事件，示例代码如下。

```javascript
myChart.on('legendselectchanged', function(params) {
  // 获取单击图例的选中状态
  var isSelected = params.selected[params.name];
  // 在控制台中输出
  console.log((isSelected ? '选中了' : '取消选中了') + '图例' + params.name);
  // 打印所有图例的状态
  console.log(params.selected);
});
```

上述示例代码通过 on() 方法为 ECharts 实例对象 myChart 注册了 legendselectchanged 事件（切换图例选中状态后的事件），当 ECharts 实例对象触发 legendselectchanged 事件时，事件处理函数就会被执行。

2. 代码触发 ECharts 中组件的行为

前面讲到的 legendselectchanged 行为事件是由用户单击切换图例开关时触发的，除此之外，在 ECharts 中，还可以通过调用 dispatchAction() 方法模拟触发图表的某些行为，例如模拟用户单击切换图例开关时的行为、图例被选中时的行为、用户触发高亮显示的行为或显示提示框的行为等。

下面演示如何模拟触发高亮显示的行为和显示提示框的行为，示例代码如下。

```javascript
// 触发高亮显示的行为
myChart.dispatchAction({
  type: 'highlight',
  seriesIndex: 0,
  dataIndex: 1
});
// 触发显示提示框的行为
myChart.dispatchAction({
  type: 'showTip',
  seriesIndex: 0,
```

```
        dataIndex: 1
    })
```

在上述示例代码中，seriesIndex 表示系列索引，可以有多个，从 0 开始；dataIndex 表示数据项索引，可以有多个，从 0 开始。需要注意的是，不同行为事件的参数可能会不一样，更多内容请查阅官方文档。

 ## 任 务 实 现

根据任务需求，基于影响健康、寿命的各类因素绘制饼图并实现交互效果，本任务的具体实现步骤如下。

① 创建 pieHighlight.html 文件，在该文件中创建基础 HTML5 文档结构并引入 echarts.js 文件。

② 定义一个指定了宽度和高度的父容器，具体代码如下。

```
1 <body>
2   <div id="main" style="width: 700px; height: 400px;"></div>
3 </body>
```

③ 在步骤②的第 2 行代码下方编写代码，初始化 ECharts 实例对象，准备配置项，将配置项设置给 ECharts 实例对象，具体代码如下。

```
1 <script>
2   var myChart = echarts.init(document.getElementById('main'));
3   var option = {};
4   option && myChart.setOption(option);
5 </script>
```

④ 在步骤③的第 2 行代码下方编写代码，根据表 7-4 中的数据定义饼图的数据，具体代码如下。

```
1 var data = [
2   { value: 7, name: '气候环境'},
3   { value: 60, name: '生活方式'},
4   { value: 15, name: '遗传因素'},
5   { value: 10, name: '社会因素'},
6   { value: 8, name: '医疗条件'}
7 ];
```

⑤ 设置饼图的配置项，完成饼图的绘制并在高亮显示的扇区上显示提示框组件，具体代码如下。

```
1 var option = {
2   title: {
3     text: '影响健康、寿命的各类因素',
4     left: 'center'
5   },
6   tooltip: {
7     trigger: 'item',
8     formatter: '{a}<br>{b}: {c}%'
9   },
10  legend: {
11    orient: 'vertical',
12    left: 'left'
13  },
14  series: [
15    {
16      name: '访问来源',
```

```
17        type: 'pie',
18        radius: '55%',
19        center: ['50%', '60%'],
20        data: data,
21        emphasis: {
22          itemStyle: {
23            shadowBlur: 10,
24            shadowOffsetX: 0,
25            shadowColor: 'rgba(0, 0, 0, 0.5)'
26          }
27        }
28      }
29    ]
30 };
```

在上述代码中，第 2~5 行代码用于设置标题组件的主标题和标题组件距离容器左侧的距离；第 6~9 行代码用于设置提示框组件的触发类型和显示形式，{a}表示系列名，{b}表示数据项名，{c}表示数据值；第 10~13 行代码用于设置图例垂直排列和图例组件距离容器左侧的距离；第 14~29 行代码通过 series 属性设置了一个系列，type 属性的值为 pie 表示图表类型为饼图，其中第 21~27 行代码设置图形的高亮样式。

保存上述代码，在浏览器中打开 pieHighlight.html 文件，当鼠标指针移入"生活方式"所在的扇区时，效果如图 7-4 所示。

扫码看图

图7-4　影响健康、寿命的各类因素的饼图效果

从图 7-4 中可以看出，影响健康、寿命的各类因素的饼图已经绘制完成。该饼图显示了影响健康、寿命的 5 个因素，当鼠标指针移入不同颜色的扇区时显示当前扇区代表的因素的占比情况。

⑥ 在步骤③的第 4 行代码下方编写代码，实现鼠标指针未移入时，饼图自动循环高亮显示各扇区的效果，具体代码如下。

```
1 let currentIndex = -1;
2 var loop = function() {
3   var dataLen = option.series[0].data.length;
4   myChart.dispatchAction({
5     type: 'downplay',
6     seriesIndex: 0,
7     dataIndex: currentIndex
8   });
9   currentIndex = (currentIndex + 1) % dataLen;
```

```
10  myChart.dispatchAction({
11    type: 'highlight',
12    seriesIndex: 0,
13    dataIndex: currentIndex
14  });
15  myChart.dispatchAction({
16    type: 'showTip',
17    seriesIndex: 0,
18    dataIndex: currentIndex
19  });
20 };
21 startCharts = setInterval(loop, 3000);
```

在上述代码中，第 1 行代码用于设置 currentIndex 的初始值为-1；第 2～20 行代码用于定义饼图的循环函数 loop()，其中第 3 行代码用于设置系列中 data 数据的长度，第 4～8 行代码用于取消之前图形的高亮显示，第 10～14 行代码用于高亮显示当前图形，第 15～19 行代码用于显示提示框组件；第 21 行代码为 loop()函数定义了一个名称为 startCharts 的定时器，该定时器的间隔时间为 3s。

⑦ 实现鼠标指针移入时，取消自动循环高亮显示，只高亮显示鼠标指针选中的扇区。在步骤⑥的代码下方编写如下代码。

```
1 myChart.on('mouseover', function(param){
2   clearInterval(startCharts);
3   myChart.dispatchAction({
4     type: 'downplay',
5     seriesIndex: 0,
6     dataIndex: currentIndex
7   })
8 });
```

上述代码用于设置鼠标指针移入时的动画效果，当鼠标指针移入扇区时触发 mouseover 事件，调用 clearInterval()方法清除 startCharts 定时器从而取消自动循环高亮显示，其中第 3～7 行代码用于取消之前图形的高亮显示。

⑧ 实现鼠标指针移出后恢复自动循环高亮显示各扇区，具体代码如下。

```
1 myChart.on('mouseout', function (param) {
2   myChart.dispatchAction({
3     type: 'downplay',
4     seriesIndex: 0,
5     dataIndex: param.dataIndex
6   });
7   startCharts = setInterval(loop, 3000);
8 });
```

上述代码用于设置鼠标指针移出时的动画效果，当鼠标指针移出扇区时触发 mouseout 事件，开启定时器恢复自动循环高亮显示，时间间隔为 3s，其中第 2～6 行代码用于取消之前扇区的高亮显示。

保存上述代码，在浏览器中运行 pieHighlight.html 文件，读者可以自行测试鼠标指针移入扇区和移出扇区时的效果。

7.2　数据异步加载与动画

在前面绘制的图表中，数据是在初始化 setOption()方法时直接填入的，但在很多情况下，数据需要使用异步模式进行加载，并且异步加载通常与加载动画效果一起使用。例如，当数据加载时间较长时，画布上显示一条空的坐标轴会让用户怀疑是否运行错误，此时需要使用一个加载动画提示用户数据正在加载。本节将对数据的异步加载和动画进行详细讲解。

任务 7.2.1　异步加载图表的数据

任 务 需 求

党的二十大报告指出："推动战略性新兴产业融合集群发展，构建新一代信息技术、人工智能、生物技术、新能源、新材料、高端装备、绿色环保等一批新的增长引擎。"

为深入贯彻落实国家发展战略，培养先进技术人才，某学院开设了大数据技术、软件技术、计算机网络技术、人工智能技术应用、云计算技术应用、移动应用开发等专业。该学院 2023 年的各专业的招生人数如表 7-6 所示。

表 7-6　各专业的招生人数（单位：人）

大数据技术	软件技术	计算机网络技术	人工智能技术应用	云计算技术应用	移动应用开发
400	500	424	235	203	156

考虑到招生数据量较多时，如果一次性加载全部数据，则页面会因为数据量过多而变慢。实际项目开发中往往都是前后端分离的，前端展示页面，后端提供数据。本任务需要通过 JSON 文件模拟一个后端 API 提供数据，让前端显示饼图时，以异步加载的方式从后端 API 获取数据。

知 识 储 备

1. Live Server 扩展

当开发需要异步加载数据的页面时，如果使用浏览器直接打开本地的 HTML5 文件，数据会加载失败，这是因为浏览器阻止了 Ajax 请求。为此，我们需要借助 VS Code 编辑器的 Live Server 扩展来解决这个问题。

使用 Live Server 扩展可以创建一个本地服务器来预览网页，此时网页能够正确地发送 Ajax 请求。本地服务器的默认端口是 5500，用户也可以自行设置端口号。使用 Live Server 扩展运行程序时，如果对代码进行了修改，不需要重新刷新浏览器即可更新页面内容。

Live Server 扩展的具体安装步骤：打开 VS Code 编辑器，在页面中单击左边栏中的第 5 个图标"⊞"，然后在搜索框中输入关键词"live server"找到该扩展，单击"安装"按钮进行安装。Live Server 扩展的安装过程如图 7-5 所示。

若要通过 Live Server 扩展运行 HTML5 文件，在代码编辑区域任意位置右击，在弹出的快捷菜单中选择"Open with Live Server"，如图 7-6 所示。

执行上述操作后，就会弹出浏览器页面并自动打开 HTML5 文件。浏览器自动打开的网址为 http://127.0.0.1:5500/chapter07/subject.html，其中 http://表示协议，127.0.0.1 表示主机地址，也就是 Live Server 创建的本地网站服务器的 IP 地址；5500 表示端口，即访问服务器中的 5500 端口；/chapter07/subject.html 是文件资源在服务器中的对应路径。

图7-5　Live Server扩展的安装过程

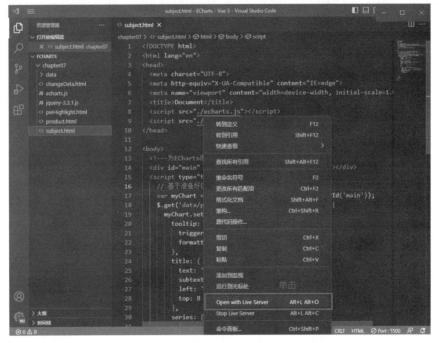

图7-6　选择"Open with Live Server"

2. 异步加载数据

在 JavaScript 中，通过 XMLHttpRequest 对象可以异步加载数据，但由于该对象的使用方法较为复杂，实际开发中一般选择使用 jQuery 提供的 Ajax 操作方法加载数据。若要使用 jQuery，需要先在 HTML5 文档结构中引入 jQuery，示例代码如下。

```
<script src="jquery-3.3.1.js"></script>
```

在上述代码中，jquery-3.3.1.js 文件可以从本书配套的源代码中获取。

下面列举 jQuery 中常用的 Ajax 操作方法，如表 7-7 所示。

表 7-7　jQuery 中常用的 Ajax 操作方法

方法	说明
$.get(url[, data][, callback][, dataType])	通过 GET 请求从服务器加载数据
$.post(url[, data][, callback][, dataType])	通过 POST 请求从服务器加载数据

表 7-7 中，参数 url 表示请求的是 URL 地址；data 为可选参数，表示请求数据的列表；callback 为可选参数，表示请求成功时执行的回调函数；dataType 为可选参数，用于设置服务器返回的数据类型，如 XML、JSON、HTML、TEXT 等。

下面演示$.get()和$.post()方法的使用，示例代码如下。

```
// $.get()方法
$.get('server.html', function(data, status) {
  console.log('服务器返回结果: ' + data + '\n 请求状态: ' + status);
});
// $.post()方法
$.post('server.php', { id: 1 }, function(data) {
  console.log('服务器返回结果: ' + data + '\n 请求状态: ' + status);
});
```

上述$.get()方法、$.post()方法，在服务器请求成功时会执行一个回调函数，除此之外，也可以使用 done()方法执行请求成功的代码，该方法的参数为一个方法，done()方法的语法格式如下。

```
$.get(url).done(function () {
  // 执行请求成功的代码
});
```

在调用 Ajax 操作方法后，需要将获取的后端数据的格式转换为 ECharts 可以处理的数据格式，然后将数据传递给 ECharts 实例中的 setOption()方法，实现图表数据的异步加载。

任 务 实 现

根据任务需求，使用异步加载获取各专业的招生人数，本任务的具体实现步骤如下。

① 创建 subject.html 文件，在该文件中创建基础 HTML5 文档结构并引入 echarts.js 文件和 jquery-3.3.1.js 文件。

② 定义一个指定了宽度和高度的父容器，具体代码如下。

```
1 <body>
2   <div id="main" style="width: 800px; height: 400px;"></div>
3 </body>
```

③ 新建 data\pieDate.json 文件，定义饼图的数据，具体代码如下。

```
1  {
2    "data_pie": [
3      { "value": 400, "name": "大数据技术" },
4      { "value": 500, "name": "软件技术" },
5      { "value": 424, "name": "计算机网络技术" },
6      { "value": 235, "name": "人工智能技术应用" },
7      { "value": 203, "name": "云计算技术应用" },
8      { "value": 156, "name": "移动应用开发" }
9    ]
10 }
```

在上述代码中，JSON 数据以键值对的形式保存在一对花括号{}中，多个数据之间用逗号分隔，将 JSON 数据中的 key 和 value 使用双引号标注。

④ 在步骤②的第 2 行代码下方编写代码，初始化 ECharts 实例对象，具体代码如下。

```
1  <script>
2    var myChart = echarts.init(document.getElementById('main'));
3  </script>
```

⑤ 在步骤④的第 2 行代码下方编写代码，实现数据的异步加载，具体代码如下。

```
1  $.get('data/pieData.json').done(function (data) {
2    myChart.setOption({
3      tooltip: {
4        trigger: 'item',
5        formatter: "{a}<br>{b}: {c} ({d}%)"
6      },
7      title: {
8        text: '各专业的招生人数',        // 设置主标题
9        left: 'center',               // 设置主标题显示在容器水平方向的中间
10       top: 8
11     },
12     series: [                       // 配置数据系列
13       {
14         name: '专业:',
15         type: 'pie',                // 设置图表类型为饼图
16         radius: ['45%', '75%'],     // 设置饼图内外圆的半径
17         center: ['50%', '58%'],     // 设置圆心的位置
18         data: data.data_pie,
19         label: {
20           fontSize: 18
21         }
22       }
23     ]
24   })
25 });
```

在上述代码中，第 1 行代码使用 jQuery 的$.get()方法请求 pieData.json 文件，当请求成功后，调用 done()方法执行第 2~24 行代码，调用 myChart 的 setOption()方法填入数据和配置项渲染饼图，其中第 18 行代码将获取的数据 data.data_pie 赋值给饼图的类目数据 data。

保存上述代码，在浏览器中打开 subject.html 文件，各专业的招生人数的饼图效果如图 7-7 所示。

扫码看图

从图 7-7 中可以看出，各专业的招生人数的饼图已经绘制完成。该饼图显示了 6 个专业的招生人数，当鼠标指针移入不同颜色的扇区时显示当前区域代表的专业招生的人数和占比情况。

图7-7　各专业的招生人数的饼图效果

任务 7.2.2　为图表设置动画

随着经济的发展，人们的生活质量不断提高，健康意识也越来越强。水果作为日常生活中不可或缺的食物，含有丰富的营养，人们对水果的需求也在不断增加。小张分析了水果的市场情况，发现售卖水果的利润非常可观。为此，他开了一家水果店，他习惯将水果的进价和售价记录在表格中，以便对价格进行比较。在经营了一段时间后，他整理了某月店内各类水果的进价及售价，想要以图表的形式展示该月各类水果的进价和售价数据。

某月店内的各类水果的进价及售价如表 7-8 所示。

表 7-8　各类水果的进价及售价（单位：元/kg）

水果名称	进价	售价
苹果	6	10
香蕉	10	12
蜜橘	4.2	6
猕猴桃	6.4	8
西瓜	7.5	10
葡萄	10	18
樱桃	40	55
雪梨	8	10
柠檬	9	12

小张还想将当月参加"爱心助农"活动时购买的沃柑的单价和售价数据添加到图表中，已知沃柑的进价为 10 元/kg、售价为 10 元/kg。

本任务需要完成以下内容。

① 根据表 7-8 中的数据绘制柱状图。

② 为柱状图添加初始动画效果，动画时长为 3s，缓动效果为 linear。

③ 开发一个增加数据的功能，在页面添加一个"增加数据"按钮，单击该按钮可以将沃柑的数据（进价 10 元/kg、售价 10 元/kg）添加到柱状图中。

④ 为柱状图添加数据后更新动画效果，动画时长为 0.5s，缓动效果为 quinticOut。

1. 加载动画

ECharts 中默认提供了一个简单的加载动画，只需要在合适的时机显示或隐藏加载动画即可，数据异步加载的时间过长时，可以使用加载动画。通常在加载数据前，调用 showLoading()方法显示加载动画，在数据加载完成后，再调用 hideLoading()方法隐藏加载动画。

显示加载动画的示例代码如下。

```
myChart.showLoading();
```

在上述示例代码中，myChart 为 ECharts 实例对象，调用 showLoading()
方法显示加载动画。

上述示例代码对应的加载动画效果如图 7-8 所示。

隐藏加载动画的示例代码如下。

图7-8　加载动画效果

```
myChart.hideLoading();
```

在上述示例代码中，myChart 为 ECharts 实例对象，调用 hideLoading()方法隐藏加载
动画。

2. 增量动画

当图表已在页面中显示，图表中的数据又发生变化时，图表由于数据变化而产生的动
画效果称为增量动画。在 ECharts 中，增量动画通过 setOption()方法实现，setOption()方法可
以设置多个。

下面通过定时器模拟数据的改变演示多个 setOption()方法的设置，示例代码如下。

```
1  var myChart = echarts.init(document.getElementById('main'));
2  var option = {
3    series:[
4      {
5        type: 'bar',
6        data: [80, 83, 93, 92, 88, 90]
7      }
8    ]
9  };
10 option && myChart.setOption(option);
11 setTimeout(() => {
12   var option = {
13     series: [
14       {
15         data: [88, 80, 95, 93, 82, 94]
16       }
17     ]
18   };
19   option && myChart.setOption(option);
20 }, 2000);
```

在上述代码中，第 1 行代码用于初始化 ECharts 实例对象；第 2～9 行代码用于设置初
始的 option 配置项；第 10 行代码用于将初始的 option 配置项设置给 ECharts 实例对象；第
11～20 行代码用于通过 setTimeout()方法定义一个一次性定时器，其中第 12～18 行代码用
于设置新的 option 配置项，在 2s 后执行定时器中的内容，将新的 option 配置项和初始的 option
配置项整合，第 19 行代码用于将新的 option 配置项设置给 ECharts 实例对象。

需要注意的是，新的 option 配置项和初始的 option 配置项之间存在相互整合的关系，
因此在设置新的 option 配置项时，只需考虑到变化的部分，不用重复设置配置项。

下面通过一个示例演示增量动画的使用。

为了全面分析初三年级第二次模考成绩，进一步统一认识、明确思路、查漏补缺、鼓
舞士气，以便学生全力备战和冲刺中考，现将第一次模考的语文成绩与第二次模考的语文
成绩进行对比，先根据第一次模考的成绩绘制柱状图，当单击"查看第二次模考成绩"按
钮时，再根据第二次模考的成绩重新绘制柱状图，具体实现步骤如下。

① 创建 changeData.html 文件，在该文件中创建基础 HTML5 文档结构并引入 echarts.js
文件。

② 定义一个指定了宽度和高度的父容器，具体代码如下。

```
1 <body>
2   <div id="main" style="width: 600px; height: 400px;"></div>
3 </body>
```

③ 初始化 ECharts 实例对象，准备配置项，将配置项设置给 ECharts 实例对象，具体代码如下。

```
1 <script>
2   var myChart = echarts.init(document.getElementById('main'));
3   var option = {};
4   option && myChart.setOption(option);
5 </script>
```

④ 设置柱状图的配置项和数据，具体代码如下。

```
1 var option = {
2   title: {
3     text: '模考成绩'
4   },
5   xAxis: {
6     type: 'category',
7     data: ['张三', '李四', '王五', '马六', '小明', '小红'],
8     name: '学生姓名',
9     nameLocation: 'center',
10    nameTextStyle: {
11      padding: [20, 0, 0, 0],
12    }
13  },
14  yAxis: {
15    type: 'value',
16    name: '分数'
17  },
18  series: [
19    {
20      type: 'bar',
21      data: [80, 83, 93, 92, 88, 90],
22      markPoint: {
23        data: [
24          { type: 'max', name: '最大值' },
25          { type: 'min', name: '最小值' }
26        ]
27      },
28      markLine: {
29        data: [
30          { type: 'average', name: '平均值' }
31        ]
32      },
33      label: {
34        show: true,
35        rotate: 60
36      },
37      barWidth: '30%'
38    }
39  ]
40 };
```

在上述代码中，第 20 行代码设置 type 属性的值为 bar，表示图表类型为柱状图；第 22～27 行代码用于标注系列中数据的最大值和最小值，标注的图形为大头针；第 28～32 行代码用于设置系列中数据的平均值标线；第 33～36 行代码用于设置文本标签为显示状态，且逆时针旋转 60°；第 37 行代码用于设置每根柱条的宽度为类目宽度的 30%。

保存上述代码，在浏览器中打开 changeData.html 文件，初始柱状图效果如图 7-9 所示。

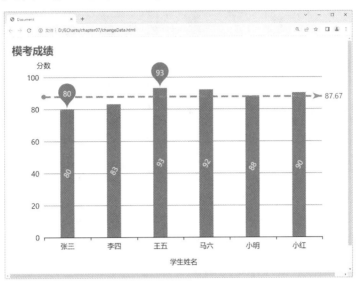

图7-9　初始柱状图效果

图 7-9 显示了最高成绩为 93，最低成绩为 80，平均成绩为 87.67。

⑤ 在步骤②的\<body\>标签中添加一个 button 元素，用于实现按钮效果，具体代码如下。

```
<button id="modify">查看第二次模考成绩</button>
```

上述代码定义了 id 属性的值为 modify 的按钮，按钮显示的内容为"查看第二次模考成绩"。

⑥ 为 button 元素绑定单击事件，实现单击"查看第二次模考成绩"按钮时，重新绘制柱状图。在步骤③的第 4 行代码下方编写如下代码。

```
1  var btnModify = document. getElementById('modify');
2  btnModify.onclick = function() {
3    var newArr = [88, 80, 95, 93, 82, 94];
4    var option = {
5      series: [
6        {
7          data: newArr
8        }
9      ]
10   };
11   option && myChart.setOption(option);
12 };
```

在上述代码中，第 1 行代码用于获取 id 属性的值为 modify 的 button 元素；第 2～12 行代码用于为 button 元素绑定 onclick 事件，其中第 3 行代码定义新的成绩，第 7 行代码将新的成绩数据赋值给图表中的 data 属性，第 11 行代码调用 setOption()方法后 ECharts 实例会合并新旧配置项的数据，然后更新图表。

保存上述代码并运行 changeData.html 文件，单击"查看第二次模考成绩"按钮后的柱状图效果如图 7-10 所示。

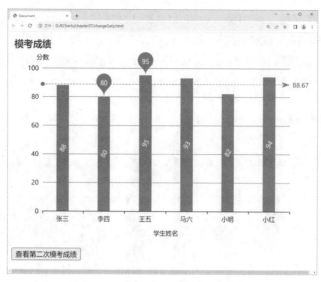

图7-10　单击"查看第二次模考成绩"按钮后的柱状图效果

图 7-10 显示了最高成绩为 95，最低成绩为 80，平均分为 88.67。

3. 动画的配置

在绘制图表的过程中，添加数据、更新数据、删除数据时可以使用 ECharts 提供的平移、缩放、变形等形式的过渡动画，使交互变得更加顺滑。通常，开发人员不需要操心该如何使用动画，只需要按实际的需求使用 setOption()方法更新数据，ECharts 就会识别出该数据与上一次数据之间的差异，并自动应用合适的过渡动画。

ECharts 的动画执行原理是，每次使用 setOption()方法更新数据时，都会将数据与上次更新的数据进行对比，然后根据对比结果对数据执行 3 种操作：添加、更新和删除。这种对比是根据数据的名称来决定的。例如，如果在上一次更新的数据中有 3 个名称为 A、B 和 C 的数据，而这次更新的数据变为了名称为 B、C 和 D 的数据，则数据 B 和 C 会被执行更新，数据 A 会被执行删除，数据 D 会被执行添加。如果是第一次更新，因为没有旧数据，则所有数据都会被执行添加。根据这 3 种操作，ECharts 会分别应用相应的入场动画、更新动画和删除动画。

ECharts 提供了一系列属性用于设置图表动画的相关配置，可将这些属性设置在 option 顶层中对所有系列和组件生效，也可以设置在每个系列中对当前系列生效。设置动画的相关属性如表 7-9 所示。

表 7-9　设置动画的相关属性

属性	说明
animation	用于设置是否开启动画，默认值为 true，表示开启动画，设为 false 表示关闭动画
animationThreshold	用于设置是否开启动画的阈值，当单个系列显示的图形数量大于这个阈值时会关闭动画，默认值为 2000
animationDuration	用于设置初始动画的时长，默认值为 1000，单位为毫秒
animationEasing	用于设置初始动画的缓动效果，默认值为 cubicOut
animationDelay	用于设置初始动画的延迟时间，默认值为 0，单位为毫秒
animationDurationUpdate	用于设置数据更新动画的时长，默认值为 300，单位为毫秒
animationEasingUpdate	用于设置数据更新动画的缓动效果，默认值为 cubicOut
animationDelayUpdate	用于设置数据更新动画的延迟时间，默认值为 0，单位为毫秒

　　表 7-9 中，animationDuration、animationEasing、animationDelay 为入场动画的配置项，用于设置初始动画的时长、缓动效果以及延迟时间；animationDurationUpdate、animationEasingUpdate、animationDelayUpdate 为数据更新动画的配置项，用于设置数据更新动画的时长、缓动效果以及延迟时间。如果想要关闭动画，则将 animation 属性的值设置为 false 即可，如果想要单独关闭入场动画或者数据更新动画，可以通过单独将动画的时长设置为 0 来实现。

　　ECharts 为 animationEasing、animationEasingUpdate 属性提供了很多可选值用于实现不同的缓动功能，各可选值及对应的缓动功能如图 7-11 所示。

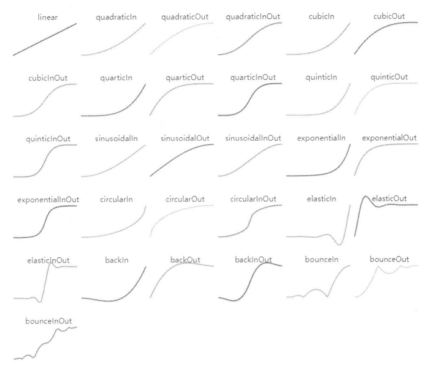

图7-11　各可选值及对应的缓动功能

任 务 实 现

　　根据任务需求，基于各类水果的进价及售价绘制柱状图，本任务的具体实现步骤如下。

　　① 创建 animation.html 文件，在该文件中创建基础 HTML5 文档结构并引入 echarts.js 文件。

　　② 定义一个指定了宽度和高度的父容器，具体代码如下。

```
1  <body>
2    <div id="main" style="width: 600px; height: 400px;"></div>
3  </body>
```

　　③ 在步骤②的第 2 行代码下方编写代码，初始化 ECharts 实例对象，准备配置项，将配置项设置给 ECharts 实例对象，具体代码如下。

```
1  <script>
2    var myChart = echarts.init(document.getElementById('main'));
3    var option = {};
4    option && myChart.setOption(option);
5  </script>
```

　　④ 在步骤③的第 2 行代码下方编写代码，根据表 7-8 中的水果名称定义 x 轴的数据，

具体代码如下。

```
var xDataArr = ['苹果', '香蕉', '蜜橘', '猕猴桃', '西瓜', '葡萄', '樱桃', '雪梨', '柠檬'];
```

上述代码定义了 9 种水果名称。

⑤ 在步骤④的代码下方编写代码，根据表 7-8 中的进价和售价定义 y 轴的数据，具体代码如下。

```
var yDataArr1 = [6, 10, 4.2, 6.4, 7.5, 10, 40, 8, 9];
var yDataArr2 = [10, 12, 6, 8, 10, 18, 55, 10, 12];
```

上述代码定义了进价系列的数据存放在 yDataArr1 中，售价系列的数据存放在 yDataArr2 中。

⑥ 设置柱状图的配置项和数据，添加初始动画效果，具体代码如下。

```
1  var option = {
2    animation: true,
3    animationDuration: 3000,
4    animationEasing: 'linear',
5    backgroundColor: 'rgba(128, 128, 128, 0.1)',
6    legend: { right: 0 },
7    title: {
8      text: '各类水果的进价及售价'
9    },
10   xAxis: {
11     name: '水果名称',
12     type: 'category',
13     data: xDataArr,
14     nameLocation: 'center',
15     nameTextStyle: {
16       padding: [20, 0, 0, 0],
17     }
18   },
19   yAxis: {
20     name: '进价/售价（元/kg）',
21     type: 'value',
22     axisLine: {
23       show: true
24     }
25   },
26   series:[
27     {
28       name: '进价',
29       type: 'bar',
30       data: yDataArr1,
31       label: {
32         show: true,
33         position: 'top'
34       }
35     },
36     {
37       name: '售价',
38       type: 'bar',
39       data: yDataArr2,
40       label: {
41         show: true,
42         position: 'top'
43       }
44     }
45   ]
46 };
```

在上述代码中，第 2～4 行代码用于设置开启动画、动画时长为 3s、缓动效果为 linear；第 10～18 行代码用于设置 *x* 轴数据、坐标轴名称、坐标轴名称的显示位置等；第 19～25 行代码用于设置 *y* 轴的轴线为显示状态等；第 27～35 行代码用于设置进价系列；第 36～44 行代码用于设置售价系列。

保存上述代码，在浏览器中打开 animation.html 文件，各类水果的进价及售价的柱状图效果如图 7-12 所示。

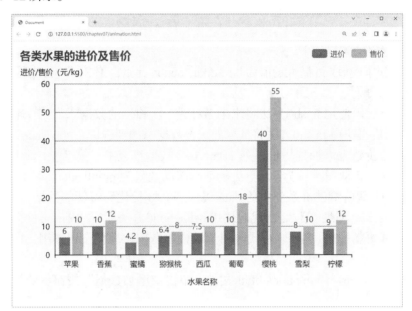

图7-12　各类水果的进价及售价的柱状图效果

各类水果的进价及售价的柱状图已经绘制完成。为柱状图加载初始数据时添加了动画效果，读者可以运行文件体验初始动画效果。

⑦ 在步骤②的第 2 行代码下方编写代码，添加一个 button 元素，用于实现按钮效果，具体代码如下。

```
<button id="btnAdd">增加数据</button>
```

上述代码定义了 id 属性的值为 btnAdd 的按钮，按钮显示的内容为"增加数据"。

⑧ 在步骤③的第 4 行代码下方编写代码，为 button 元素绑定单击事件，实现单击"增加数据"按钮时，重新绘制柱状图并添加数据更新动画效果，具体代码如下。

```
1  var btnAdd = document.getElementById('btnAdd');
2  btnAdd.onclick = function(){
3    xDataArr.push('沃柑');
4    yDataArr1.push(10);
5    yDataArr2.push(10);
6    var option = {
7      animation: true,
8      animationDuration: 500,
9      animationEasingUpdate: 'quinticOut',
10     xAxis: {
11       data: xDataArr
12     },
13     series:[
```

```
14        {
15          data: yDataArr1
16        },
17        {
18          data: yDataArr2
19        }
20      ]
21  };
22  option && myChart.setOption(option);
23  btnAdd.disabled = true;
24 }
```

针对上述代码的解释如下。

第 1 行代码用于获取 id 属性的值为 btnAdd 的 button 元素，第 2～24 行代码用于为 button 元素绑定 onclick 事件。

其中第 3 行代码使用 push() 方法将水果名称为"沃柑"的数据添加到 x 轴的数据集合中。第 4～5 行代码使用 push() 方法将沃柑的进价数据添加到进价系列 yDataArr1 数据集合中，将沃柑的售价数据添加到售价系列 yDataArr2 数据集合中。第 7～9 行代码用于设置开启动画、数据更新动画时长为 0.5s、更新动画缓动效果为 quinticOut。第 15 行代码将新的数据 yDataArr1 赋值给进价系列中的 data 属性。第 18 行代码将新的数据 yDataArr2 赋值给售价系列中的 data 属性。第 22 行代码调用 setOption() 方法后 ECharts 实例会合并新旧配置项的数据，并更新图表。第 23 行代码用于设置单击按钮后将按钮禁用，以防止多次单击造成影响。

保存上述代码并运行 animation.html 文件，单击"增加数据"按钮后的柱状图效果如图 7-13 所示。

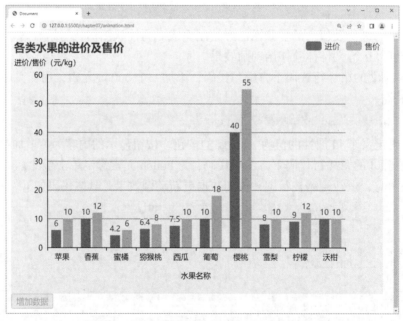

扫码看图

图7-13　单击"增加数据"按钮后的柱状图效果

从图 7-13 中可以看出，单击"增加数据"按钮后，柱状图中显示了沃柑的信息。读者可以运行文件体验数据更新动画效果。

本章小结

本章主要对事件与行为、数据异步加载与动画进行了详细讲解，首先讲解了事件与行为，包括鼠标事件和组件交互行为触发的行为事件；然后讲解了数据异步加载与动画，包括异步加载图表的数据和为图表设置动画。通过对本章的学习，读者能够掌握事件与行为、数据异步加载与动画的基本使用，能够根据实际需要实现丰富的、可交互的可视化图表。

课后习题

一、填空题

1. 在 ECharts 中，单击图表会触发＿＿＿＿＿＿事件。
2. 在 ECharts 中，所有的鼠标事件都包含一个＿＿＿＿＿＿参数。
3. 在 ECharts 中，可以使用＿＿＿＿＿＿函数实现图表自适应效果。
4. 在 ECharts 中，用户通过单击切换图例开关时，会触发＿＿＿＿＿＿行为事件。
5. 在 ECharts 中，可以通过调用＿＿＿＿＿＿函数模拟触发图表的某些行为。

二、判断题

1. 在 ECharts 中模拟触发显示提示框的行为，需要将 type 属性的值设置为 highlight。（　　　）
2. 事件源是指承受事件的元素。（　　　）
3. 鼠标事件的参数用于描述事件发生时的上下文信息。（　　　）
4. 在 ECharts 中，用户单击切换图例开关时会触发 legendunselected 行为事件。（　　　）
5. 在 ECharts 中，调用 showLoading()方法可以实现加载动画。（　　　）

三、选择题

1. 下列选项中，不属于 ECharts 的事件 3 要素的是（　　　）。
A. 事件源　　　　　　　　　　　　B. 事件处理函数
C. 事件类型　　　　　　　　　　　D. 定时器
2. 下列选项中，属于 ECharts 中鼠标事件的有（　　　）。（多选）
A. mouseup　　　　B. dbclick　　　　C. mousemove　　　　D. globalout
3. 下列选项中，关于 ECharts 中鼠标事件的说法错误的是（　　　）。
A. 鼠标移入目标元素上方时触发 mouseover 事件
B. 鼠标移出目标元素上方时触发 mouseout 事件
C. 右击目标元素时触发 contextmenu 事件
D. 在目标元素上，鼠标按键被释放时触发 mousedown 事件，不能通过键盘触发
4. 下列选项中，关于 ECharts 中行为事件的说法错误的是（　　　）。
A. 工具栏中动态类型切换时触发 magictypechanged 事件
B. 图例滚动会触发 legendscroll 事件
C. 当动画或渐进渲染结束时触发 rendered 事件
D. 图表重置 option 配置项时触发 restore 事件

5. 下列选项中，关于 ECharts 中动画的相关属性的说法错误的是（　　　）。

A. animation 属性用于设置是否开启动画，默认值为 true，表示开启动画

B. animationDelay 属性用于设置初始动画的延迟时间，默认值为 0

C. animationDuration 属性用于设置初始动画的时长，默认值为 1000，单位为毫秒

D. animationDelayUpdate 属性用于设置数据更新动画的延迟时间，默认值为 500，单位为毫秒

四、简答题

1. 请简述鼠标事件的参数 params 的基本属性。

2. 请简述 ECharts 中设置入场动画和更新动画的时长、缓动效果以及延迟时间用到的属性。

五、操作题

某学院开设了大数据技术、软件技术、计算机网络技术、人工智能技术应用、云计算技术应用、移动应用开发等专业，各专业的男女生人数如表 7-10 所示。

表 7-10　各专业的男女生人数（单位：人）

专业	男生人数	女生人数	专业	男生人数	女生人数
大数据技术	220	180	人工智能技术应用	128	107
软件技术	325	175	云计算技术应用	129	74
计算机网络技术	180	244	移动应用开发	67	89

本题需要完成以下内容。

① 根据表 7-10 中的数据绘制柱状图，通过异步加载的方式获取各专业的男女生人数。

② 为柱状图添加一个加载动画提示用户数据正在加载。

第 **8** 章

项目实战——电商数据可视化系统

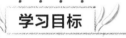
知识目标	• 熟悉项目的整体结构，能够归纳项目的整体结构
技能目标	• 掌握用户数量及同比增长率图表的开发，能够独立完成代码
	• 掌握青年消费者的需求分布图表的开发，能够独立完成代码
	• 掌握用户状态分布图表的开发，能够独立完成代码
	• 掌握用户分类图表的开发，能够独立完成代码
	• 掌握年度销售额图表的开发，能够独立完成代码
	• 掌握月度销售额图表的开发，能够独立完成代码
	• 掌握平台转化率图表的开发，能够独立完成代码
	• 掌握各地区销售分析图表的开发，能够独立完成代码
	• 掌握单日订单量图表的开发，能够独立完成代码
	• 掌握不同订单状态下的订单数量图表的开发，能够独立完成代码
	• 掌握各地区订单量分布情况图表的开发，能够独立完成代码
	• 掌握订单配送方式分布情况图表的开发，能够独立完成代码

通过之前的学习，相信读者已经熟练掌握如何使用 ECharts 绘制图表。为了帮助读者更深入地理解与应用 ECharts，本章将带领读者综合运用所学知识开发一个电商数据可视化系统，详细讲解电商数据可视化系统的开发过程。

8.1 项目介绍

随着社会的不断进步与科技的发展，人们的生活方式也随之发生了巨大变化。网络购物已经成为当下主流的消费方式。对于消费者来说，网购具有许多优势，如可以节约购物时间、降低购物成本，同时还能够买到更加丰富多样的商品。对于商家而言，则可以享受到许多便利，如减轻库存压力、降低经营成本、规模不受场地限制等。

本项目旨在开发一个电商数据可视化系统，该系统通过数据可视化的方式展示电商数据，包括销售额、订单量、用户状态分布等，从而帮助平台管理人员更好地了解电商业务并做出更明智的决策。

本项目的开发环境如下。

- 操作系统：Windows 10 或更高版本。
- 运行环境：Node.js 16.17.0。
- 前端框架：Vue.js 3.2.47。
- 数据可视化工具：ECharts 5.4.1。
- 浏览器：Chrome。
- 编辑器：Visual Studio Code。

本项目主要分为 3 个模块：用户分析模块、销售分析模块和订单分析模块，下面分别进行介绍。

扫码看图

1. 用户分析模块

用户分析模块用于展示用户数据，用户分析模块的页面效果如图 8-1 所示。

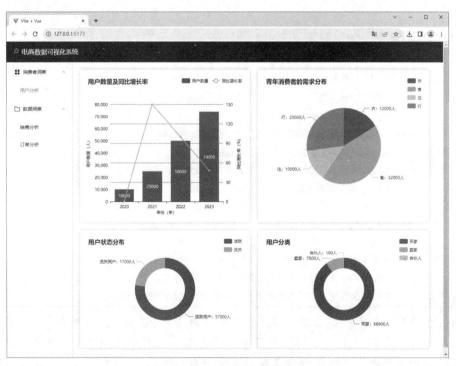

图8-1　用户分析模块的页面效果

图 8-1 中的 4 张图表用于从不同角度展示用户数据，接下来对各张图表进行简要介绍。

- 用户数量及同比增长率：使用柱状图和折线图的混搭图表，展示该电商平台在 2020—2023 年期间用户数量逐年递增的趋势，同时也能反映同比增长率的变化趋势。
- 青年消费者的需求分布：通过饼图展示该电商平台中青年消费者的需求分布，其中需求量最多的是"食"，需求量最少的是"住"。
- 用户状态分布：通过圆环图展示该电商平台中活跃用户和流失用户的分布情况，同时，流失用户占用户总数近 1/4 的情况表明该电商平台需要提高用户满意度，以提升用户的活跃度。
- 用户分类：通过圆环图展示该电商平台中不同分类的用户数量，其中买家分类下的人数最多。此外，该平台需要制定不同的规则和策略，以满足买家、卖家、合伙人的不同需求，从而进一步促进平台的稳定发展。

2. 销售分析模块

销售分析模块用于展示商品销售数据，销售分析模块的页面效果如图 8-2 所示。

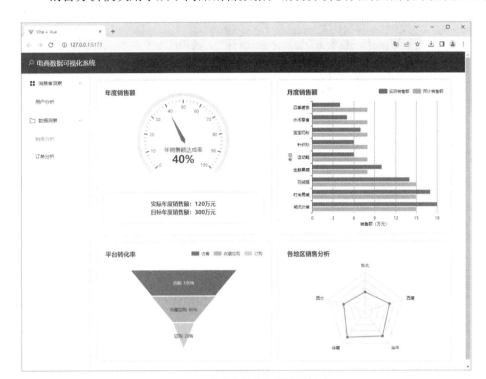

扫码看图

图8-2　销售分析模块的页面效果

图 8-2 中的 4 张图表从不同角度展示商品销售数据，接下来对各张图表进行简要介绍。

● 年度销售额：通过仪表盘展示该电商平台年度销售额的达成率，帮助平台了解自己在销售方面的表现，同时也帮助平台了解自己是否达到了预定的目标。

● 月度销售额：通过横向柱状图展示该电商平台中 5 月份不同类目商品的实际销售额和预计销售额，其中潮流女装的销售额最高，平台可以直观地比较每个商品类别的销售情况，为下一步的销售目标制定提供决策依据，进而促进平台的发展。

● 平台转化率：通过漏斗图展示该电商平台中访客的转化率，转化率为 20%。平台可以通过采取一些措施来提高转化率。例如，发放优惠券、加大折扣力度、提高物流配送速度和提升服务质量等，以吸引更多的访客并提高他们的购买意愿。

● 各地区销售分析：通过雷达图展示该电商平台中不同地区的销售能力，可以非常清晰地展示各个地区的销售情况，销售情况最好的地区为华南地区，可以依据此信息制定相应的销售策略，以提高平台的销售和盈利能力。

3. 订单分析模块

订单分析模块用于展示该电商平台中的订单数据，订单分析模块的页面效果如图 8-3 所示。

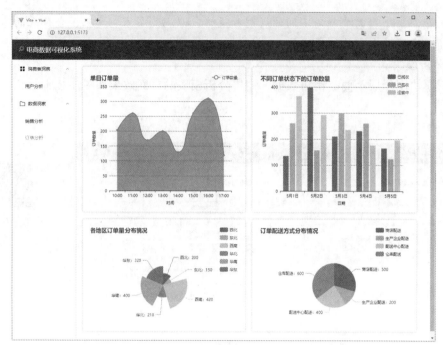

扫码看图

图8-3　订单分析模块的页面效果

图 8-3 中的 4 张图表从不同角度展示电商平台中的订单数据，接下来对各张图表进行简要介绍。

● 单日订单量：通过区域面积图展示该电商平台 4 月 26 日不同时间的订单数量，可以直观地展现订单数量的波动情况，图中 16:00 时订单数量最多，可以在这个时段投放一些优惠券来吸引用户。

● 不同订单状态下的订单数量：通过柱状图展示该电商平台中最近 5 天不同订单状态下的订单数量，可以直观地反映订单状态，并帮助平台针对订单状态制定相应的物流优化措施。

● 各地区订单量分布情况：通过南丁格尔图展示该电商平台 4 月 27 日各地区的订单数量，其中，西南地区的订单数量最多。

● 订单配送方式分布情况：通过饼图展示该电商平台 4 月 28 日订单配送方式分布情况，其中仓库配送占比最多。

说明：

本书的配套资源中提供了完整的项目源代码，项目名称为 shop，读者可以先将项目运行起来，查看项目的运行效果。

8.2　项目初始化

本书提供了电商数据可视化系统项目的初始代码，读者可以将代码导入创建的项目中，在此基础上开发项目功能。

下面讲解如何进行项目初始化，本任务的具体实现步骤如下。

① 从本书的配套资源中找到本章项目的初始版本，将文件解压并保存在一个指定目录

下，例如 D:\ECharts\chapter08\shop，将该目录作为项目目录。

② 使用 VS Code 编辑器打开项目目录，项目目录结构如图 8-4 所示。

图8-4　项目目录结构

下面对项目目录结构中的主要文件进行介绍。

- src\components\subcomponents\Commodity.vue：用于展示销售分析模块的相关信息。
- src\components\subcomponents\Order.vue：用于展示订单分析模块的相关信息。
- src\components\subcomponents\User.vue：用于展示用户分析模块的相关信息。
- src\components\Index.vue：用于展示整体页面结构。
- src\router\router.js：用于配置路由信息。

在 VS Code 编辑器的菜单栏中选择"终端"→"新建终端"，然后在新的终端下执行如下命令，启动项目。

```
npm run dev
```

启动项目后，可以使用 URL 地址 http://127.0.0.1:5173/访问项目。

在浏览器中访问 http://127.0.0.1:5173/，初始页面效果如图 8-5 所示。

图8-5　初始页面效果

至此，项目初始化已完成。

说明：

本书的配套资源中提供了初始版本的代码，其中包括电商数据可视化系统的页面结构和部分 CSS 样式。

8.3　项目功能开发

任务 8.3.1　用户数量及同比增长率

　　　　　　　　　　　　　　　　任 务 需 求

党的二十大报告指出："坚持把发展经济的着力点放在实体经济上，推进新型工业化，加快建设制造强国、质量强国、航天强国、交通强国、网络强国、数字中国。"实际上，电商平台也属于实体经济范畴，其具备商务性和整体性特点，为助力实体经济发展做出了不可磨灭的贡献。通过电商平台，买卖双方能够更高效地实现自身需求。

要想经营好一个电商平台，必不可少的是对其数据的掌握。因此，优秀的电商平台必须定期对过往的用户数据进行详细分析。小夏是某电商平台的运营工作人员，她整理了该电商平台 2020—2023 年的用户数量及同比增长率，如表 8-1 所示。

表 8-1　用户数量及同比增长率

年份（年）	2020	2021	2022	2023
用户数量（人）	10000	25000	50000	74000
同比增长率（%）	0	150	100	48

表 8-1 中，同比增长率的计算方式为(当年的用户数量−去年的用户数量)÷去年的用户数量×100。例如，2021 年同比增长率的计算方式为(25000−10000)÷10000×100= 150。

本任务需要基于用户数量及同比增长率绘制柱状图和折线图的混搭图表。

　　　　　　　　　　　　　　　　任 务 实 现

根据任务需求，基于用户数量及同比增长率绘制柱状图和折线图的混搭图表，本任务的具体实现步骤如下。

① 打开 src\components\subcomponents\User.vue 文件，从该文件的<template>标签中找到本任务的注释，在注释的下一行定义一个图表容器，具体代码如下。

```
1  <div class="contain">
2    <el-card class="box-card">
3      <!-- 任务 8.3.1 用户数量及同比增长率 -->
4      <div id="user" style="width: auto; height: 400px;"></div>
5    </el-card>
6  </div>
```

在上述代码中，第 4 行代码定义了一个具有指定高度的父容器，将 div 元素的宽度设置为 auto，表示宽度是可变的，这是为后续实现图表的自适应效果做准备。

② 从该文件的<style>标签中找到本页面样式的相关代码，具体代码如下。

```scss
1  <style lang="scss">
2  .contain {
3    display: flex;
4    flex-wrap: wrap;
5    .box-card {
6      flex: 1;
7      margin-bottom: 20px;
8      margin-right: 20px;
9      min-width: 500px;
10     max-width: 800px;
11   }
12 }
13 </style>
```

在上述代码中，第 3~4 行代码用于设置元素采用 flex 布局方式、允许换行。第 5~11
行代码用于设置将元素宽度均匀分配，并设置了下外边距、右外边距、最小宽度和最大宽度。

③ 从该文件的<script>标签中找到本任务页面逻辑的相关代码，在此基础上编写代码，
实现用户数量及同比增长率图表的制作，具体代码如下。

```javascript
1  // 任务 8.3.1 用户数量及同比增长率
2  onMounted(() => {
3    var myChart = echarts.init(document.getElementById('user'));
4    var option = {
5      title: {
6        text: '用户数量及同比增长率'
7      },
8      tooltip: {
9        trigger: 'axis'
10     },
11     legend: {
12       right: 0
13     },
14     dataset: {
15       source: [
16         ['year', '2020', '2021', '2022', '2023'],
17         ['用户数量', 10000, 25000, 50000, 74000],
18         ['同比增长率', 0, 150, 100, 48]
19       ],
20     },
21     xAxis: {
22       type: 'category',
23       name: '年份（年）',
24       nameLocation: 'center',
25       boundaryGap: true,
26       nameGap: 25
27     },
28     yAxis: [
29       {
30         type: 'value',
31         name: '用户数量（人）',
32         nameLocation: 'center',
33         nameGap: 60,
34         splitLine: {
35           show: false
36         }
37       },
38       {
39         type: 'value',
```

```
40          name: '同比增长率 (%) ',
41          nameLocation: 'center',
42          nameGap: 40
43        }
44      ],
45      grid: {
46        top: '20%',
47        bottom: '10%',
48        left: '15%',
49        right: '13%'
50      },
51      series: [
52        {
53          name: '用户数量',
54          type: 'bar',
55          seriesLayoutBy: 'row',
56          label: {
57            show: true,
58            position: 'inside'
59          }
60        },
61        {
62          name: '同比增长率',
63          type: 'line',
64          seriesLayoutBy: 'row',
65          yAxisIndex: 1
66        }
67      ]
68    };
69    option && myChart.setOption(option);
70    window.addEventListener('resize', function () {
71      myChart.resize();
72    });
73 });
```

针对上述代码的解释如下。

第 3 行代码用于初始化 ECharts 实例对象。第 5~7 行代码用于设置标题为 "用户数量及同比增长率"。第 8~10 行代码用于设置提示框的触发类型为坐标轴触发。第 11~13 行代码用于设置图例距离容器右侧的距离为 0。第 14~20 行代码用于设置图表的数据。

第 21~27 行代码用于设置 x 轴的类型为类目轴、名称为 "年份（年）"、坐标轴名称居中显示、类目名称显示在两个刻度中间和坐标轴名称距离轴线的距离为 25。

第 28~44 行代码用于设置 y 轴，其中，第 29~37 行代码用于设置第 1 条 y 轴的类型为数值轴、坐标轴名称为 "用户数量（人）"、坐标轴名称居中显示、坐标轴名称距离轴线的距离为 60 和不显示网格线，第 38~43 行代码用于设置第 2 条 y 轴的类型为数值轴、坐标轴名称为 "同比增长率（%）"、坐标轴名称居中显示、坐标轴名称距离轴线的距离为 40。

第 45~50 行代码用于设置直角坐标系绘图网格距离容器上侧、下侧、左侧、右侧的距离分别为 20%、10%、15%、13%。

第 51~67 行代码用于设置系列数据，其中，第 52~60 行代码用于设置第 1 个系列，其中第 53 行代码用于设置名称为 "用户数量"，第 54 行代码用于设置图表类型为柱状图，第 55 行代码用于设置 dataset 的行对应于系列，第 56~59 行代码用于设置图形的标签为显示状态、标签位置在柱条内部；第 61~66 行代码用于设置第 2 个系列，其中第 62 行代码用于设置名称为"同比增长率",第 63 行代码用于设置图表类型为折线图,第 64 行代码用于设置 dataset 的行对应于系列,第 65 行代码用于设置 y 轴的 yAxisIndex 属性的值为 1。

第 69 行代码用于将配置项设置给 ECharts 实例对象。第 70~72 行代码通过调用 resize() 函数,监听浏览器窗口尺寸的变化,实现图表的自适应效果。

保存上述代码,在浏览器中访问 http://127.0.0.1:5173/,页面效果参考图 8-1 中左上方的图表。

任务 8.3.2 青年消费者的需求分布

任 务 需 求

在经济学中有一个观点——需求决定供给。想要成为一个成功的卖家,必须明确、清晰地了解买家的需求,这样才能获得成功并达到自己的目标。因此,卖家可以根据不同年龄层消费者的需求和偏好来选择出售的产品,以提高转化率和销售量。小夏整理了青年消费者的需求分布,如表 8-2 所示。

表 8-2 青年消费者的需求分布

数据名	衣	食	住	行
用户数量（人）	12000	32000	10000	20000

本任务需要基于青年消费者的需求分布绘制饼图。

任 务 实 现

根据任务需求,基于青年消费者的需求分布绘制饼图,本任务的具体实现步骤如下。

① 打开 src\components\subcomponents\User.vue 文件,从该文件的<template>标签中找到本任务的注释,在注释的下一行定义一个图表容器,具体代码如下。

```
1  <!-- 任务 8.3.2 青年消费者的需求分布 -->
2  <div id="demand" style="width: auto; height: 400px;"></div>
```

② 从该文件的<script>标签中找到本任务页面逻辑的相关代码,在此基础上编写代码实现青年消费者中需求分布图表的制作,具体代码如下。

```
1  // 任务 8.3.2 青年消费者的需求分布
2  onMounted(() => {
3    var myChart = echarts.init(document.getElementById('demand'));
4    var option = {
5      title: {
6        text: '青年消费者的需求分布'
7      },
8      tooltip: {
9        formatter: '{b}: {d}%'
10     },
11     legend: {
12       right: 0,
13       orient: 'vertical'
14     },
15     series: [
16       {
17         type: 'pie',
```

```
18        radius: '55%',
19        label: {
20          show: true,
21          formatter: '{b}: {c}人'
22        },
23        data: [
24          { value: 12000, name: '衣' },
25          { value: 32000, name: '食' },
26          { value: 10000, name: '住' },
27          { value: 20000, name: '行' }
28        ]
29      }
30    ]
31  };
32  option && myChart.setOption(option);
33  window.addEventListener('resize', function () {
34    myChart.resize();
35  });
36 });
```

针对上述代码的解释如下。

第 5～7 行代码用于设置标题为"青年消费者的需求分布"。第 8～10 行代码用于设置提示框浮层内容格式。第 11～14 行代码用于设置图表的图例距离容器右侧的距离为 0、图例列表的布局方向为垂直布局。

第 15～30 行代码用于设置系列，其中，第 17 行代码用于设置图表类型为饼图，第 18 行代码用于设置饼图半径为 55%，第 19～22 行代码用于设置文本标签为显示状态、格式化标签内容，第 23～28 行代码用于设置饼图的数据。

保存上述代码，在浏览器中访问 http://127.0.0.1:5173/，页面效果参考图 8-1 中右上方的图表。

任务 8.3.3 用户状态分布

 任 务 需 求

电商平台的用户管理目标之一是保留老用户和发掘新用户。在吸引新用户的同时，还需要提升他们的活跃度，使他们能够持续创造价值。一旦用户活跃度下降，用户就会逐渐远离，并最终流失。因此，可以将用户状态分为活跃用户和流失用户两种。小夏整理了 2023 年的用户状态分布，如表 8-3 所示。

表 8-3 用户状态分布

数据名	活跃用户	流失用户
用户数量（人）	57000	17000

本任务需要基于用户状态分布绘制圆环图。

 任 务 实 现

根据任务需求，基于用户状态分布绘制圆环图，本任务的具体实现步骤如下。

① 打开 src\components\subcomponents\User.vue 文件，从该文件的<template>标签中找到本任务的注释，在注释的下一行定义一个图表容器，具体代码如下。

```
1  <!-- 任务 8.3.3 用户状态分布 -->
2  <div id="userStatus" style="width: auto; height: 300px;"></div>
```

② 从该文件的<script>标签中找到本任务页面逻辑的相关代码，在此基础上编写代码实现用户状态分布图表的制作，具体代码如下。

```
1  // 任务 8.3.3 用户状态分布
2  onMounted(() => {
3    var myChart = echarts.init(document.getElementById('userStatus'));
4    var option = {
5      title: {
6        text: '用户状态分布'
7      },
8      legend: {
9        right: 0,
10       orient: 'vertical'
11     },
12     tooltip: {
13       formatter: '{b}: {d}%'
14     },
15     series: [
16       {
17         type: 'pie',
18         radius: ['40%', '60%'],
19         label: {
20           show: true,
21           formatter: '{b}用户: {c}人'
22         },
23         data: [
24           { value: 57000, name: '活跃' },
25           { value: 17000, name: '流失' }
26         ]
27       }
28     ]
29   };
30   option && myChart.setOption(option);
31   window.addEventListener('resize', function () {
32     myChart.resize();
33   });
34 });
```

针对上述代码的解释如下。

第 5~7 行代码用于设置标题为"用户状态分布"。第 8~11 行代码用于设置图表的图例距离容器右侧的距离为 0、图例列表的布局方向为垂直布局。第 12~14 行代码用于设置提示框浮层内容格式。

第 15~28 行代码用于设置系列，其中，第 17 行代码用于设置图表类型为饼图，第 18 行代码用于设置饼图内半径为 40%和外半径为 60%，将饼图显示为圆环图，第 19~22 行代码用于设置文本标签为显示状态、格式化标签内容，第 23~26 行代码用于设置饼图的数据。

保存上述代码，在浏览器中访问 http://127.0.0.1:5173/，页面效果参考图 8-1 中左下方的图表。

任务 8.3.4　用户分类

　　在用户关系管理中，用户细分是一个重要的组成部分。它是企业为了满足用户多样化需求，以及高效率完成任务而进行的合理化规划。在电商平台上，用户细分体现在平台根据用户的需求、爱好等因素对用户进行分类，并提供针对性的措施，以确保不同用户都能够获得优质服务，并提高用户对平台的归属感。例如，针对买家，平台可以提供更加多元化、便捷、快速的商品选择和力度更大的优惠活动；针对卖家，平台可以提供更加灵活、全面的销售和推广工具以及更加便捷的沟通服务，以提高卖家的满意度和服务质量；针对合伙人，平台可以提供更加便捷、灵活的合作方式，帮助其更好地实现收益和成长。

　　小夏整理了用户分类，如表 8-4 所示。

表 8-4　用户分类

数据名	买家	卖家	合伙人
用户数量（人）	66900	7000	100

　　本任务需要基于用户分类绘制圆环图。

　　根据任务需求，基于用户分类绘制圆环图，本任务的具体实现步骤如下。

　　① 打开 src\components\subcomponents\User.vue 文件，从该文件的<template>标签中找到本任务的注释，在注释的下一行定义一个图表容器，具体代码如下。

```
1  <!-- 任务 8.3.4 用户分类 -->
2  <div id="userClass" style="width: auto; height: 300px;"></div>
```

　　② 从该文件的<script>标签中找到本任务页面逻辑的相关代码，在此基础上编写代码实现用户分类图表的制作，具体代码如下。

```
1  // 任务 8.3.4 用户分类
2  onMounted(() => {
3    var myChart = echarts.init(document.getElementById('userClass'));
4    var option = {
5      title: {
6        text: '用户分类',
7      },
8      legend: {
9        right: 0,
10       orient: 'vertical'
11     },
12     tooltip: {
13       formatter: '{b}: {d}%'
14     },
15     series: [
16       {
17         type: 'pie',
18         radius: ['40%', '60%'],
19         label: {
20           show: true,
```

```
21        formatter: '{b}: {c}人',
22      },
23      data: [
24        { value: 66900, name: '买家' },
25        { value: 7000, name: '卖家' },
26        { value: 100, name: '合伙人' }
27      ]
28    }
29  ]
30 };
31 option && myChart.setOption(option);
32 window.addEventListener('resize', function () {
33   myChart.resize();
34 });
35 });
```

针对上述代码的解释如下。

第 5~7 行代码用于设置标题为"用户分类"。第 8~11 行代码用于设置图表的图例距离容器右侧的距离为 0、图例列表的布局方向为垂直布局。第 12~14 行代码用于设置提示框浮层内容格式。

第 15~29 行代码用于设置系列,其中,第 17 行代码用于设置图表类型为饼图,第 18 行代码用于设置饼图内半径为 40% 和外半径为 60%,将饼图显示为圆环图,第 19~22 行代码用于设置文本标签为显示状态、格式化标签内容,第 23~27 行代码用于设置饼图的数据。

保存上述代码,在浏览器中访问 http://127.0.0.1:5173/,页面效果参考图 8-1 中右下方的图表。

任务 8.3.5 年度销售额

任 务 需 求

电商平台的年度销售额是指整个电商平台在一年内卖出的所有商品的总收入。每年结束后,电商平台会对该平台上各个店铺的销售数据进行统计,并将这些数据汇总成一份报表,该报表反映了该平台全年的销售额。通过这个报表可以帮助平台及其商家们了解电商市场的状况,并为未来的经营规划提供依据。

如果全年的销售额比去年的有所增长,那么说明平台生意越来越好,平台可能会考虑采取进一步扩大规模、优化用户体验等措施以应对更高的需求。反之,如果年度销售额下降了,平台可能需要采取重新审核商家、调整商品价格等措施以应对电商市场的变化。

小正是某电商平台的财务人员,整理了该电商平台截至 5 月份的年度销售额为 120 万元,目标年度销售额为 300 万元。实际年度销售额除以目标年度销售额为 40%,该数据为实际年度销售额达成率。

本任务需要基于实际年度销售额和目标年度销售额绘制仪表盘。

任 务 实 现

根据任务需求,基于实际年度销售额和目标年度销售额绘制仪表盘,本任务的具体实现步骤如下。

① 打开 src\components\subcomponents\Commodity.vue 文件,从该文件的<template>标签

中找到本任务的注释，在注释的下一行定义一个图表容器，具体代码如下。

```
1  <div class="contain">
2    <el-card class="box-card">
3      <!-- 任务 8.3.5 年度销售额 -->
4      <div id="yearSalesVolume" style="width: auto; height: 300px">
5      </div>
6      <el-card>
7        <div class="text">实际年度销售额: </div>
8        <div class="text">目标年度销售额: </div>
9      </el-card>
10   </el-card>
11 </div>
```

上述代码均为初始项目中所包含的代码，通过第 4 行代码定义了一个具有指定高度的父容器。

② 根据任务需求设置步骤①中第 7、8 行代码中的实际年度销售额和目标年度销售额，具体代码如下。

```
1  <div class="text">实际年度销售额: 120 万元</div>
2  <div class="text">目标年度销售额: 300 万元</div>
```

③ 从该文件的<style>标签中找到本页面样式的相关代码，具体代码如下。

```
1  <style lang="scss">
2  .contain {
3    display: flex;
4    flex-wrap: wrap;
5    .box-card {
6      flex: 1;
7      margin-bottom: 20px;
8      margin-right: 20px;
9      min-width: 500px;
10     max-width: 800px;
11     .text {
12       font-size: 16px;
13       text-align: center;
14       font-weight: bolder;
15     }
16   }
17 }
18 </style>
```

在上述代码中，第 11～15 行代码设置了文本的字体大小为 16px、居中对齐、字体为粗体。

④ 从该文件的<script>标签中找到本任务页面逻辑的相关代码，在此基础上编写代码实现年度销售额图表的制作，具体代码如下。

```
1  // 任务 8.3.5 年度销售额
2  onMounted(() => {
3    var myChart = echarts.init(document.getElementById('yearSalesVolume'));
4    var option = {
5      title: {
6        text: '年度销售额'
7      },
8      tooltip: {
9        formatter: '{b} : {c}%'
10     },
11     series: [
12       {
13         name: '年销售额达成率',
```

```
14        type: 'gauge',
15        radius: '90%',
16        detail: {
17          formatter: '{value}%'
18        },
19        data: [
20          {
21            value: 40,
22            name: '年销售额达成率'
23          }
24        ]
25      }
26    ]
27  };
28  option && myChart.setOption(option);
29  window.addEventListener('resize', function () {
30    myChart.resize();
31  });
32 });
```

针对上述代码的解释如下。

第 5~7 行代码用于设置标题为"年度销售额"。第 8~10 行代码用于设置提示框浮层内容格式。

第 11~26 行代码用于设置系列，其中，第 13 行代码用于设置系列名称为"年销售额达成率"，第 14 行代码用于设置图表类型为仪表盘，第 15 行代码用于设置仪表盘半径为相对于容器高宽中较短的一项的一半的百分比，第 16~18 行代码用于格式化仪表盘详情内容，第 19~24 行代码用于设置仪表盘的数据。

保存上述代码，在浏览器中访问 http://127.0.0.1:5173/，页面效果参考图 8-2 中左上方的图表。

任务 8.3.6 月度销售额

 任 务 需 求

电商平台月度销售额是指该平台某月售出的所有商品的总收入。如果今年 5 月份某电商平台售出了 10 万元的商品，而且发现该月的销售额比 4 月份的增长了，那么说明 5 月份的销售情况非常好，用户可能在促销活动中购买了更多的商品。反之，如果销售额下降了，则可能需要分析原因并采取相应措施来提高销售额，例如增大促销力度、优化用户体验等。

小夏整理了 5 月份不同类目商品的销售额，如表 8-5 所示。

表 8-5 5 月份不同类目商品的销售额（单位：万元）

类目	实际销售额	预计销售额	类目	实际销售额	预计销售额
潮流女装	18	15	针织衫	6	8
时尚男装	17	15	宝宝奶粉	7	8
羽绒服	14	15	休闲零食	5	8
生鲜果蔬	10	8	四季茗茶	4	8
运动鞋	6	8	—	—	—

本任务需要基于 5 月份不同类目商品的销售额绘制横向柱状图。

任 务 实 现

根据任务需求，基于 5 月份不同类目商品的销售额绘制横向柱状图，本任务的具体实现步骤如下。

① 打开 src\components\subcomponents\Commodity.vue 文件，从该文件的<template>标签中找到本任务的注释，在注释的下一行定义一个图表容器，具体代码如下。

```
1  <!-- 任务 8.3.6 月度销售额 -->
2  <div id="salesVolume" style="width: auto; height: 400px"></div>
```

② 从该文件的<script>标签中找到本任务页面逻辑的相关代码，在此基础上编写代码实现月度销售额图表的制作，具体代码如下。

```
1  // 任务 8.3.6 月度销售额
2  onMounted(() => {
3    var myChart = echarts.init(document.getElementById('salesVolume'));
4    var yDataArr = ['潮流女装', '时尚男装', '羽绒服', '生鲜果蔬', '运动鞋', '针织衫',
   '宝宝奶粉', '休闲零食', '四季茗茶'];
5    var realNumber = [18, 17, 14, 10, 6, 6, 7, 5, 4];
6    var standardNumber = [15, 15, 15, 8, 8, 8, 8, 8, 8];
7    var option = {
8      title: {
9        text: '月度销售额'
10     },
11     legend: {
12       right: 0
13     },
14     tooltip: {
15       trigger: 'axis'
16     },
17     xAxis: {
18       type: 'value',
19       name: '销售额（万元）',
20       nameLocation: 'center',
21       nameGap: 25
22     },
23     yAxis: {
24       type: 'category',
25       data: yDataArr,
26       name: '类目',
27       nameLocation: 'center',
28       nameGap: 60
29     },
30     grid: {
31       left: '5%',
32       right: '5%',
33       bottom: '5%',
34       top: '10%',
35       containLabel: true
36     },
37     series: [
38       {
39         name: '实际销售额',
40         type: 'bar',
41         data: realNumber
42       },
```

```
43      {
44        name: '预计销售额',
45        type: 'bar',
46        data: standardNumber
47      }
48    ]
49  };
50  option && myChart.setOption(option);
51  window.addEventListener('resize', function () {
52    myChart.resize();
53  });
54 });
```

针对上述代码的解释如下。

第 4 行代码用于定义 *y* 轴的数据。第 5 行代码用于定义实际销售额。第 6 行代码用于定义预计销售额。第 8～10 行代码用于设置标题为"月度销售额"。

第 11～13 行代码用于设置图例距离容器右侧的距离为 0。第 14～16 行代码用于设置提示框的触发类型为坐标轴触发。第 17～22 行代码用于设置 *x* 轴的类型为数值轴、名称为"销售额（万元）"、坐标轴名称居中显示、坐标轴名称距离轴线的距离为 25。

第 23～29 行代码用于设置 *y* 轴的类型为类目轴、数据为 yDataArr、坐标轴名称为类目、坐标轴名称居中显示、坐标轴名称距离轴线的距离为 60。

第 30～36 行代码用于设置直角坐标系绘图网格距离容器左侧、右侧、下侧、上侧的距离分别为 5%、5%、5%、10%，网格区域包含坐标轴的刻度标签。

第 37～48 行代码用于设置系列数据，其中，第 38～42 行代码用于设置第 1 个系列，其中第 39 行代码用于设置名称为"实际销售额"，第 40 行代码用于设置图表类型为柱状图，第 41 行代码用于设置数据为 realNumber；第 43～47 行代码用于设置第 2 个系列。

保存上述代码，在浏览器中访问 http://127.0.0.1:5173/，页面效果参考图 8-2 中右上方的图表。

任务 8.3.7　平台转化率

 任 务 需 求

在电商平台中，商家经常会在平台上开展一些营销活动来引入新流量，提升店铺知名度。但是很多商家没有注意到一个重要指标，那就是平台转化率，即访问者与购买者之间的比例，商家需要认识到流量的增多不代表购买力的增强，在这一阶段，商家更应该稳中求胜，不断优化自身策略，以使平台转化率升高，从而获得更高的销量。

某公司近期的平台转化率如表 8-6 所示。

表 8-6　平台转化率

数据名	访客	收藏加购	订购
用户数量（人）	1000	600	200
转化率（%）	100	60	20

本任务需要基于平台转化率绘制漏斗图。

任 务 实 现

根据任务需求，基于平台转化率绘制漏斗图，本任务的具体实现步骤如下。

① 打开 src\components\subcomponents\Commodity.vue 文件，从该文件的<template>标签中找到本任务的注释，在注释的下一行定义一个图表容器，具体代码如下。

```
1  <!-- 任务 8.3.7 平台转化率 -->
2  <div id="transform" style="width: auto; height: 300px"></div>
```

② 从该文件的<script>标签中找到本任务页面逻辑的相关代码，在此基础上编写代码实现平台转化率图表的制作，具体代码如下。

```
1  // 任务 8.3.7 平台转化率
2  onMounted(() => {
3    var myChart = echarts.init(document.getElementById('transform'));
4    var option = {
5      title: {
6        text: '平台转化率'
7      },
8      tooltip: {
9        formatter: '{a} <br/>{b}: {c}%'
10     },
11     legend: {
12       right: 0
13     },
14     series: [
15       {
16         name: '漏斗图',
17         type: 'funnel',
18         bottom: '5%',
19         gap: 2,
20         label: {
21           show: true,
22           formatter: '{b}: {c}%',
23           position: 'inside'
24         },
25         data: [
26           { value: 100, name: '访客' },
27           { value: 60, name: '收藏加购' },
28           { value: 20, name: '订购' }
29         ]
30       }
31     ]
32   };
33   option && myChart.setOption(option);
34   window.addEventListener('resize', function () {
35     myChart.resize();
36   });
37 });
```

针对上述代码的解释如下。

第 5~7 行代码用于设置标题为"平台转化率"。第 8~10 行代码用于设置提示框浮层内容格式。第 11~13 行代码用于设置图表的图例距离容器右侧的距离为 0。

第 14~31 行代码用于设置系列，其中，第 16 行代码用于设置名称为"漏斗图"，第 17 行代码用于设置图表类型为漏斗图，第 18 行代码用于设置漏斗图距离容器底部的距离为 5%，第 19 行代码用于设置数据图形间距为 2，第 20~24 行代码用于设置文本标签为显示状态、格式化标签、文本标签位于梯形内部，第 25～29 行代码用于设置漏斗图的数据。

保存上述代码，在浏览器中访问 http://127.0.0.1:5173/，页面效果参考图 8-2 中左下方的图表。

任务 8.3.8　各地区销售分析

任 务 需 求

"凡事豫则立，不豫则废。"制定正确的决策必须先进行详细的前期调研。只有深入调查和准确分析，才能胸有成竹地制定出有助于合理配置资源的决策，实现利润最大化。某电商平台管理层已初步决定调整公司战略，计划优化各地区代理资源，为此需要进行具体情况的调研。小夏整理了 2023 年的各地区销售分析，如表 8-7 所示。

表 8-7　各地区销售分析（单位：万元）

数据名	东北	西北	华南	华中	西南
销售额	50	60	80	76	66

本任务基于各地区销售分析绘制雷达图。

任 务 实 现

根据任务需求，基于各地区销售分析绘制雷达图，本任务的具体实现步骤如下。

① 打开 src\components\subcomponents\Commodity.vue 文件，从该文件的<template>标签中找到本任务的注释，在注释的下一行定义一个图表容器，具体代码如下。

```
1  <!-- 任务 8.3.8 各地区销售分析 -->
2  <div id="salesTerritory" style="width: auto; height: 300px"></div>
```

② 从该文件的<script>标签中找到本任务页面逻辑的相关代码，在此基础上编写代码实现各地区销售分析图表的制作，具体代码如下。

```
1  // 任务 8.3.8 各地区销售分析
2  onMounted(() => {
3    var myChart = echarts.init(document.getElementById('salesTerritory'));
4    var option = {
5      title: {
6        text: '各地区销售分析'
7      },
8      radar: {
9        center: ['50%', '60%'],
10       indicator: [
11         { name: '东北', max: 100 },
12         { name: '西北', max: 100 },
13         { name: '华南', max: 100 },
14         { name: '华中', max: 100 },
15         { name: '西南', max: 100 }
16       ]
17     },
18     series: [
19       {
20         name: '各地区销售分析',
21         type: 'radar',
```

```
22      data: [
23        {
24          value: [50, 60, 80, 76, 66]
25        }
26      ]
27    }
28   ]
29 };
30 option && myChart.setOption(option);
31 window.addEventListener('resize', function () {
32   myChart.resize();
33 });
34 });
```

针对上述代码的解释如下。

第 5~7 行代码用于设置标题为"各地区销售分析"。

第 8~17 行代码用于设置雷达图坐标系，其中，第 9 行代码用于设置中心坐标为['50%', '60%']，第 10~16 行代码用于设置雷达图指示器，name 属性用于设置指示器的名称，max 属性用于设置指示器的最大值。

第 18~28 行代码用于设置系列，其中，第 20 行代码用于设置名称为"各地区销售分析"，第 21 行代码用于设置图表类型为雷达图，第 22~26 行代码用于设置雷达图的数据。

保存上述代码，在浏览器中访问 http://127.0.0.1:5173/，页面效果参考图 8-2 中右下方的图表。

任务 8.3.9 单日订单量

任 务 需 求

为了在日益复杂的市场环境中脱颖而出，电商企业进行订单数量分析势在必行。进行订单数量分析可以帮助企业明确自身发展优势、把握发展方向，以确保企业在采购环节中"对症下药"，保障企业利益。小夏整理了 4 月 26 日不同时间的订单数量，如表 8-8 所示。

表 8-8 4 月 26 日不同时间的订单数量

时间	订单数量（单）	时间	订单数量（单）	时间	订单数量（单）
10:00	203	13:00	200	16:00	310
11:00	260	14:00	130	17:00	120
12:00	170	15:00	260	—	—

本任务需要基于 4 月 26 日不同时间的订单数量绘制区域面积图。

任 务 实 现

根据任务需求，基于 4 月 26 日不同时间的订单数量绘制区域面积图，本任务的具体实现步骤如下。

① 打开 src\components\subcomponents\Order.vue 文件，从该文件的<template>标签中找到本任务的注释，在注释的下一行定义一个图表容器，具体代码如下。

```
1 <div class="contain">
2   <el-card class="box-card">
```

```
3        <!-- 任务 8.3.9 单日订单量 -->
4        <div id="orderNumber" style="width: auto; height: 400px;"></div>
5      </el-card>
6    </div>
```

② 从该文件的<style>标签中找到本页面样式的相关代码，具体代码如下。

```scss
1  <style lang="scss">
2  .contain {
3    display: flex;
4    flex-wrap: wrap;
5    .box-card {
6      flex: 1;
7      margin-bottom: 20px;
8      margin-right: 20px;
9      min-width: 500px;
10     max-width: 800px;
11   }
12 }
13 </style>
```

③ 从该文件的<script>标签中找到本任务页面逻辑的相关代码，在此基础上编写代码
实现单日订单量图表的制作，具体代码如下。

```
1  // 任务 8.3.9 单日订单量
2  onMounted(() => {
3    var myChart = echarts.init(document.getElementById('orderNumber'));
4    var option = {
5      title: {
6        text: '单日订单量'
7      },
8      grid: {
9        left: '8%',
10       right: '5%',
11       bottom: '5%',
12       top: '10%',
13       containLabel: true
14     },
15     legend: {
16       right: 0
17     },
18     tooltip: {},
19     dataset: {
20       source: {
21         'time': ['10:00', '11:00', '12:00', '13:00', '14:00', '15:00', '16:00',
   '17:00'],
22         'number': [203, 260, 170, 200, 130, 260, 310, 120]
23       }
24     },
25     xAxis: {
26       name: '时间',
27       type: 'category',
28       nameLocation: 'center',
29       boundaryGap: true,
30       nameGap: 30
31     },
32     yAxis: {
33       type: 'value',
34       name: '订单数量',
```

```
35      nameLocation: 'center',
36      nameGap: 45
37    },
38    series: [
39      {
40        name: '订单数量',
41        type: 'line',
42        areaStyle: {},
43        smooth: true
44      }
45    ]
46  };
47  option && myChart.setOption(option);
48  window.addEventListener('resize', function () {
49    myChart.resize();
50  });
51 });
```

针对上述代码的解释如下。

第 5～7 行代码用于设置标题为"单日订单量"。第 8～14 行代码用于设置直角坐标系绘图网格距离容器左侧、右侧、下侧、上侧的距离分别为 8%、5%、5%、10%，网格区域包含坐标轴的刻度标签。

第 15～17 行代码用于设置图例距离容器右侧的距离为 0，第 18 行代码用于设置提示框，第 19～24 行代码用于设置图表的数据。

第 25～31 行代码用于设置 x 轴名称为"时间"、类型为类目轴、坐标轴名称居中显示、类目名称显示在两个刻度中间和坐标轴名称距离轴线的距离为 30。

第 32～37 行代码用于设置 y 轴名称为"订单数量（单）"、类型为数值轴、坐标轴名称居中显示、坐标轴名称距离轴线的距离为 45。

第 38～45 行代码用于设置系列，其中，第 40 行代码用于设置系列名称为"订单数量"，第 41 行代码用于设置图表类型为折线图，第 42 行代码用于设置区域填充样式，第 43 行代码用于设置平滑曲线。

保存上述代码，在浏览器中访问 http://127.0.0.1:5173/，页面效果参考图 8-3 中左上方的图表。

任务 8.3.10　不同订单状态下的订单数量

任务需求

当用户在电商平台中提交订单并付款后，电商平台通常会按照以下流程进行处理。

① 电商平台通知商家发货。

② 商家将商品打包后交给物流公司进行寄送，此时该商品的订单在平台上的状态为"已揽收"。

③ 待物流公司开始寄送时，该商品的订单在平台上的状态为"运输中"。

④ 待用户接收到包裹时，该商品的订单在平台上的状态为"已签收"。

小夏整理了某电商平台的最近 5 天的不同订单状态下的订单数量，如表 8-9 所示。

本任务需要基于最近 5 天的不同订单状态下的订单数量表绘制柱状图。

表 8-9　最近 5 天的不同订单状态下的订单数量（单位：单）

订单状态	5 月 1 日	5 月 2 日	5 月 3 日	5 月 4 日	5 月 5 日
已揽收	135	398	210	231	165
已签收	260	157	300	260	123
运输中	364	292	235	176	196

任 务 实 现

根据任务需求，基于最近 5 天的不同订单状态下的订单数量绘制柱状图，本任务的具体实现步骤如下。

① 打开 src\components\subcomponents\Order.vue 文件，从该文件的<template>标签中找到本任务的注释，在注释的下一行定义一个图表容器，具体代码如下。

```
1  <!-- 任务 8.3.10 不同订单状态下的订单数量 -->
2  <div id="orderStatus" style="width: auto; height: 400px;"></div>
```

② 从该文件的<script>标签中找到本任务页面逻辑的相关代码，在此基础上编写代码实现不同订单状态下的订单数量图表的制作，具体代码如下。

```
1  // 任务 8.3.10 不同订单状态下的订单数量
2  onMounted(() => {
3    var myChart = echarts.init(document.getElementById('orderStatus'));
4    var option = {
5      title: {
6        text: '不同订单状态下的订单数量'
7      },
8      legend: {
9        right: 0,
10       orient: 'vertical'
11     },
12     grid: {
13       left: '8%',
14       right: '5%',
15       bottom: '5%',
16       top: '10%',
17       containLabel: true
18     },
19     tooltip: {},
20     dataset: {
21       source: {
22         'data': ['5月1日', '5月2日', '5月3日', '5月4日', '5月5日'],
23         '已揽收': [135, 398, 210, 231, 165],
24         '已签收': [260, 157, 300, 260, 123],
25         '运输中': [364, 292, 235, 176, 196]
26       }
27     },
28     xAxis: {
29       type: 'category',
30       name: '日期',
31       nameLocation: 'center',
32       boundaryGap: true,
33       nameGap: 30
34     },
35     yAxis: {
```

```
36        type: 'value',
37        name: '订单数量',
38        nameLocation: 'center',
39        nameGap: 45
40      },
41      series: [
42        {
43          name: '已揽收',
44          type: 'bar'
45        },
46        {
47          name: '已签收',
48          type: 'bar'
49        },
50        {
51          name: '运输中',
52          type: 'bar'
53        }
54      ]
55    };
56    option && myChart.setOption(option);
57    window.addEventListener('resize', function () {
58      myChart.resize();
59    });
60  });
```

针对上述代码的解释如下。

第 5~7 行代码用于设置标题为"不同订单状态下的订单数量"。第 8~11 行代码用于设置图例距离容器右侧的距离为 0、图例列表的布局方向为垂直布局。第 12~18 行代码用于设置直角坐标系绘图网格距离容器左侧、右侧、下侧、上侧的距离分别为 8%、5%、5%、10%，网格区域包含坐标轴的刻度标签。

第 19 行代码用于设置提示框，第 20~27 行代码用于设置图表的数据。

第 28~34 行代码用于设置 x 轴的类型为类目轴、名称为"日期"、坐标轴名称居中显示、类目名称显示在两个刻度中间、坐标轴名称距离轴线的距离为 30。

第 35~40 行代码用于设置 y 轴的类型为数值轴、名称为"订单数量"、坐标轴名称居中显示、坐标轴名称距离轴线的距离为 45。

第 41~54 行代码用于设置系列，name 属性用于设置名称，type 属性用于设置图表类型为饼图。

保存上述代码，在浏览器中访问 http://127.0.0.1:5173/，页面效果参考图 8-3 中右上方的图表。

任务 8.3.11 各地区订单量分布情况

任 务 需 求

对于电商平台来说，分析各地区的订单数量非常重要，因为这有助于了解不同地区的市场需求和销售情况。

小夏整理了某电商平台的 4 月 27 日各地区的订单数量，如表 8-10 所示。

表 8-10 4 月 27 日各地区的订单数量（单位：单）

西北	东北	西南	华北	华南	华东
200	150	420	210	400	320

本任务需要基于 4 月 27 日各地区的订单数量绘制南丁格尔图。

 任 务 实 现

根据任务需求,基于 4 月 27 日各地区的订单数量绘制南丁格尔图,本任务的具体实现步骤如下。

① 打开 src\components\subcomponents\Order.vue 文件,从该文件的<template>标签中找到本任务的注释,在注释的下一行定义一个图表容器,具体代码如下。

```
1  <!-- 任务 8.3.11 各地区订单量分布情况 -->
2  <div id="areaOrderNumber" style="width: auto; height: 300px;"></div>
```

② 从该文件的<script>标签中找到本任务页面逻辑的相关代码,在此基础上编写代码实现各地区订单量分布情况图表的制作,具体代码如下。

```
1  // 任务 8.3.11 各地区订单量分布情况
2  onMounted(() => {
3    var myChart = echarts.init(document.getElementById('areaOrderNumber'));
4    var option = {
5      title: {
6        text: '各地区订单量分布情况',
7      },
8      legend: {
9        right: 0,
10       orient: 'vertical'
11     },
12     tooltip: {
13       formatter: '{b}: {d}%'
14     },
15     series: [
16       {
17         type: 'pie',
18         radius: '50%',
19         label: {
20           show: true,
21           formatter: '{b}: {c}'
22         },
23         roseType: 'radius',
24         data: [
25           { value: 200, name: '西北' },
26           { value: 150, name: '东北' },
27           { value: 420, name: '西南' },
28           { value: 210, name: '华北' },
29           { value: 400, name: '华南' },
30           { value: 320, name: '华东' }
31         ],
32         center:['50%','60%']
33       }
34     ]
35   };
36   option && myChart.setOption(option);
37   window.addEventListener('resize', function () {
38     myChart.resize();
39   });
40 });
```

针对上述代码的解释如下。

第 5~7 行代码用于设置标题为"各地区订单量分布情况。第 8~11 行代码用于设置图表的图例距离容器右侧的距离为 0、图例列表的布局方向为垂直布局。第 12～14 行代码用于设置提示框浮层内容格式。

第 15～34 行代码用于设置系列，其中，第 17 行代码用于设置图表类型为饼图，第 18 行代码用于设置饼图半径为 50%，第 19～22 行代码用于设置文本标签为显示状态、格式化标签内容，第 23 行代码用于设置将图表展示为南丁格尔图，以扇区圆心角展现数据的百分比，第 24～31 行代码用于设置南丁格尔图的数据，第 32 行代码用于设置南丁格尔图的中心坐标。

保存上述代码，在浏览器中访问 http://127.0.0.1:5173/，页面效果参考图 8-3 中左下方的图表。

任务 8.3.12　订单配送方式分布情况

任 务 需 求

随着我国电子商务的快速发展，物流逐渐通达，消费者可以便捷地购买全国各地的商品。为了更好地服务消费者，商品的配送方式也变得多样化。常见的配送方式如下。

- 商店配送：适合规模虽小但商品种类齐全的企业使用。
- 生产企业配送：适合多种生产并行且具有自身配送系统的企业使用。
- 配送中心配送：一种专业配送方式。
- 仓库配送：以物流中心仓库为核心的配送方式。

小夏整理了某平台在 4 月 28 日订单配送方式分布情况，具体如表 8-11 所示。

表 8-11　4 月 28 日订单配送方式分布情况

数据名	商店配送	生产企业配送	配送中心配送	仓库配送
订单量（单）	500	200	400	600

本任务需要基于 4 月 28 日订单配送方式分布情况绘制饼图。

任 务 实 现

根据任务需求，基于 4 月 28 日订单配送方式分布情况绘制饼图，本任务的具体实现步骤如下。

① 打开 src\components\subcomponents\Order.vue 文件，从该文件的<template>标签中找到本任务的注释，在注释的下一行定义一个图表容器，具体代码如下。

```
1  <!-- 任务 8.3.12 订单配送方式分布情况 -->
2  <div id="category" style="width: auto; height: 300px;"> </div>
```

② 从该文件的<script>标签中找到本任务页面逻辑的相关代码，在此基础上编写代码实现订单配送方式分布情况图表的制作，具体代码如下。

```
1  // 任务 8.3.12 订单配送方式分布情况
2  onMounted(() => {
3    var myChart = echarts.init(document.getElementById('category'));
4    var option = {
5      title: {
6        text: '订单配送方式分布情况'
7      },
8      legend: {
```

```
9        right: 0,
10       orient: 'vertical'
11     },
12     tooltip: {
13       formatter: '{b}: {d}%'
14     },
15     series: [
16       {
17         type: 'pie',
18         radius: '45%',
19         label: {
20           show: true,
21           formatter: '{b}: {c}'
22         },
23         data: [
24           { value: 500, name: '商店配送' },
25           { value: 200, name: '生产企业配送' },
26           { value: 400, name: '配送中心配送' },
27           { value: 600, name: '仓库配送' }
28         ],
29         center:['50%','60%']
30       }
31     ]
32   };
33   option && myChart.setOption(option);
34   window.addEventListener('resize', function () {
35     myChart.resize();
36   });
37 });
```

针对上述代码的解释如下。

第 5～7 行代码用于设置标题为"订单配送方式分布情况"。第 8～11 行代码用于设置图表的图例距离容器右侧的距离为 0、图例列表的布局方向为垂直布局。第 12～14 行代码用于设置提示框浮层内容格式。

第 15～31 行代码用于设置系列，其中，第 17 行代码用于设置图表类型为饼图，第 18 行代码用于设置饼图半径为 50%，第 19～22 行代码用于设置文本标签为显示状态、格式化标签内容，第 23～28 行代码用于设置饼图的数据，第 29 行代码用于设置饼图的中心坐标。

保存上述代码，在浏览器中访问 http://127.0.0.1:5173/，页面效果参考图 8-3 中右下方的图表。

本章小结

本章详细介绍了电商数据可视化系统中的用户分析、销售分析和订单分析 3 个模块。通过对本章的学习，读者可以掌握电商数据可视化系统的功能开发，能够根据实际需要调整项目中的图表。